2013 出版工作研究

人民交通出版社　编

内容提要

本书收集了关于出版、编辑、发行、营销、管理、服务等方面的理论与技术研究论文29篇。可供相关管理人员与技术人员参阅。

图书在版编目(CIP)数据

出版工作研究(2013)/人民交通出版社编. — 北京：人民交通出版社，2013.6

ISBN 978-7-114-10841-9

Ⅰ.①出… Ⅱ.①人… Ⅲ.①出版工作-文集 Ⅳ.①G23-53

中国版本图书馆CIP数据核字(2013)第192595号

书　　名：出版工作研究(2013)
著 作 者：人民交通出版社
责任编辑：尤晓暐　徐　菲　温　婧
出版发行：人民交通出版社
地　　址：(100011)北京市朝阳区安定门外外馆斜街3号
网　　址：http://www.ccpress.com.cn
销售电话：(010)59757973
总 经 销：人民交通出版社发行部
经　　销：各地新华书店
印　　刷：北京市密东印刷有限公司
开　　本：720×960　1/16
印　　张：11.25
字　　数：194千
版　　次：2013年6月　第1版
印　　次：2013年6月　第1次印刷
书　　号：ISBN 978-7-114-10841-9
定　　价：38.00元

目录

Mulu

学出了自信

——参加部十八大精神培训班的体会

谭　鸿

古人云:"学者非必为仕,而仕者必为学。"作为一名党员领导干部,学习是义务,更是一种政治责任,是"规定动作",不是"自选动作",是职责所在,不是习惯爱好,怎么强调都不过分。

党的十八大结束后,在领导干部自学,已经有了一些思考、感悟、心得,并且初步落实到行动中的基础上,部再安排我们集中学习、交流,应该说非常有效果。因为现在的重温,会对十八大精神有更深的感悟,思考会更成熟,思路会更加开拓,境界会更加提升,方向会更加明确,对走好自己的人生道路,更好地履行职责,大有益处,大有收获。

我本人的收获颇丰,但最大的收获是"自信"。

我的自信,首先来源于充分感悟到了中国特色社会主义道路的巨大成就。

作为一名上 50 岁过了知天命年龄的领导干部,我经历过文革的余孽,体验过"短缺"的痛苦,品味过人治的酸楚。这里,我仅举一个例子。我出生在上海,对上海普通市民的生活状况有较深的了解。朱镕基在上海当市长时,提出的解困目标是,优先解决人均 2.5 平方米(在这样的环境里生存,还有人的起码尊严吗)家庭的住房困难。上世纪 80 年代初,《解放日报》曾报道一个细节:上海公交车高峰时,每平方米要站 7 个人!这可是当时中国经济最发达的上海啊!因此,年轻时代,我曾不断地扪心自问:这是社会主义吗?这么走下去,能实现"人的自由而全面的发展"吗?是在扩大"三大差别"还是在缩小"三大差别"、乃至消灭"三大差别"?这些疑问曾困惑过我,折磨着我,影响着我的人生态度。

是改革开放的浪潮(也可以说是在中国内地的一场真正的思想启蒙运动),击破了束缚人们思想的枷锁和精神的谬论、怪论,真正打开了中华民族复兴的窗口,开启和解放了中国人民的思绪,启动了国人摆脱贫困、走向富裕的发动机。记得当时学习邓选,给我影响最深的是"贫穷不是社会主义""社会主义的本质,是解放生产力,发展生产力,消除剥削,消除两极分化,最终达到共同富裕""计划和市场不是'姓资''姓社'的评判标准"。而后,在各级党校学习期间,我又较系统地读了原著,其经典文论中那些对人类社会的美好憧憬和实现路径、手段的精辟论述,如"我们所称为共产主义的是那种消灭现存状况的现实运动""生机勃勃的创造性社会主义是由人民群众创造的""人所争取的一切,都同他们的利益有关""只有了解人类创造的一切财富以丰富自己的头脑,才能成为共产主义者",等等,让我震撼,对社会主义的本质有了批判性的认识,令久困难纾的我,视野打开。正如一位美国作家说的:"一句真话比一颗行星冲击地球的力量还大。"随后的"三个代表"、科学发展观,是历届中央集体以博大的胸怀和深邃的思索,广泛吸收人类文明发展的最新成果,对中国特色社会主义的科学总结,指引着我们党带领中国人民蹚出了一条奔向富裕、文明的新路。当然,习近平最近一句十分朴实的"人民对美好生活的向往,就是我们奋斗的目标"的话,抓住了科学社会主义的逻辑起点,将中国特色社会主义的道路、制度、理论,彻底说透了,承载着马克思主义的本质要求,无疑是党的性质和宗旨的生动展示,旨归是共圆"中国梦"。我相信,中国眼下的发展成果,即便是戴着有色眼镜、抱有浓烈意识形态偏见的人,也不得不在内心会给予些许的认可。中国人民和中华民族从来没有像今天这样在世界舞台上扬眉吐气、充满信心。"现在,我们比历史上任何时期都更接近中华民族伟大复兴的目标,比历史上任何时期都更有信心、有能力实现这个目标。"(习近平语)

同时,我们也要看到,中国特色社会主义的成功,是在国际共产主义运动处于低潮,资产阶级学者提出对社会主义要不战而胜的背景下取得的,更加弥足珍贵。因此,我本人对十八大提出的理论自信、道路自信、制度自信完全赞同!"心魔只能靠自己去化解。"可以说,中国特色社会主义理论已成功内化于我的灵魂,我的这种赞同,是发自肺腑的。我的结论是,中国特色社会主义道路,虽然远未已臻完善,但却是具有历史合法性的,尽管是一条充满艰辛与坎坷的荆棘之路,但这是实现自身发展壮大的唯一必由之路。只要我们沿着这条路走下去,不断完善我们的制度,丰富

和发展我们的理论,我们党大有希望!中华民族大有希望!人类发展大有希望!尤其是通过这次集中培训,更加坚定了自己原有的自信。我真切感受到了习近平"鞋合不合脚穿着才知道"这句话的真理性。因此,今后中国的发展,要"少插旗子,多种树"。在当下的中国,"旗子"即"主义",而且只有一个,那就是"中国特色社会主义"。

我的自信,还来源于十八大以来新一届中央领导集体向世人所展示的新的思维和新的执政风格。

如:高举中国特色社会主义旗帜的深远蕴意;"空谈误国、实干兴邦",以更大的政治勇气推进改革开放;顺应民意,铁腕反腐,"老虎"、"苍蝇"一起打,不搞"抓大放小";将法治作为治国理政的基本方式;把保护环境维护生态放在更加突出地位。新一届中央集体一系列举措,树正气、慑贪腐、得民心,向世人表达了刮骨疗毒、壮士断腕、断尾求生的决心!展示了开拓新路的勇气和突破常规的胆识!总之,可以说开局不错。我和全国人民一样,在更加自信的前提下,充满期待,充满厚望,同时也拭目以待!尽管眼下中国的发展难题很多,前进的道路充满荆棘,期待处理好"5大关系",即"经济发展与公平正义、经济增长与生态平衡、社会稳定与民主正义、个人权利与公共利益、中国模式与普遍价值",但"为之,则难者亦易也;不为,则易者亦难矣"。3 月 24 日,张高丽在中国发展论坛上再次强调:"改革不停顿,开放不止步。"我坚信,张高丽所说的改革,决不会是部门化、碎片化、内部化、封闭化、"新瓶装旧酒"的伪改革,一定会杀出一条"血路"(邓小平语);他所说的开放,也一定不会是有选择的,而是全方位的,是充满政治智慧和勇气,虚心吸取古今中外人类优秀文化精髓的。可以说,新一届中央领导集体新的执政理念,像"惊蛰"的春雷,震撼了很多国人的心灵。我们没有理由不对他们今后的更加作为,而充满自信。

当然,人民也热切期待制度建设要紧紧跟上。历史经验证明,靠个人推动,靠群众运动,不能长久,唯有建立起一整套制度才可以管长远、才可以持久、才可以治本。

我的自信,也源于新一届部党组向广大交通运输职工所展现的发展大交通新的思路和优良的作风。

交通运输是国民经济的先导性、基础性产业。交通运输在推动人类社会发展的作用,一个多世纪之前,革命导师就有过经典的概括。马克思在《德意志意识形态》中说:"人类历史始终是和产业史、交通史关联着。"

我注意到，杨传堂部长到部工作不久，就提出了“4个明确”，即“明确交通运输为什么要科学发展，明确交通运输为谁发展，明确交通运输发展的战略方向，明确交通运输发展重点”。多年来，我始终关注交通运输发展史的研究动向。我认为，杨部长在党的十八大召开之前，对交通运输的本质特征作了深度的开掘，其论述完全与十八大精神相吻合。

近日，杨传堂部长到交科院专题调研综合交通运输体系建设时又强调：把握历史方位，搞好顶层设计，寻求重点突破。他强调，综合交通运输体系是一个有机整体，不是各种运输方式的简单叠加。也就是说，要发生化学裂变。在以杨传堂为班长的部党组的强力主导下，各项交通工作风声水起，有声有色。部出台了改进工作作风28条规定，开展了为期5年的“平安交通”创建活动，组织了行业大调研活动，并向自身开刀，进行了行政审批事项的清理。我认为，杨部长近期对交通运输工作的一系列论述和部署，体现了战略性、前瞻性和系统性。去年10月人民交通出版社成立60周年前夕，杨传堂部长到出版社调研，亲切看望广大职工。我社中层以上干部普遍认为杨部长理念先进、心胸开阔、作风亲和。

在这次培训班上，又听了杨部长的动员讲话，向大家通报了国务院机构改革方案的实施背景和最新进展，感觉到部党组在深入贯彻十八大精神中，踏石留痕正学风，抓铁留印转作风，聚精会神改文风，尤其是在落实大部制改革方案中，“心慕手追，亦走亦趋，弦急琴摧，奋发有为”。作为一名部管干部，我对大部制改革的成功充满信心，对发展现代交通业充满自信。

我的自信，更来源于所在单位——人民交通出版社在文化产业大繁荣、大发展的背景下所取得的巨大变化。

知识和信息的生产、传播、消费，需要一定的物质承担者，而出版就是通过一定的物质载体，将知识成果制成各种形式的出版物，以传播知识、信息和进行思想交流的社会活动。美国学者谢尔在《启蒙与出版》一书中集中表达了一个观点：出版，西方启蒙运动的发动机。

成立于1952年12月8日的人民交通出版社，60年来，始终躬耕在共和国交通运输发展的历程中，为改变着中国交通运输的落后局面、方便社会公众的安全、便捷出行，发挥着独特作用。2010年，人民交通出版社成功转企，出版生产力得以进一步释放。2012年，我们共出版图书1651种；完成出版码洋4.29亿元，同比增长6.1%；实现税前利润7369万元，增长23.8%。今年一季度，全社生产指标仍呈全线增长态势。显然，人

民交通出版社为具有鲜明时代特征和行业特色的交通运输文化的发展繁荣，做出了自身的贡献，自身也得到了良性发展。

然而，对照党的十八大“扎实推进社会主义文化强国建设”的要求和交通运输事业飞速发展的现实，我们还存在很多不足和困难，限制我们发展最大的障碍是体制和机制的落后。我们尽管完成了转制，但仍是全民所有制企业，其运行所遵循的基本规则还是1988年的《全民所有制工业企业条例》，还没有进行改制，建立现代企业制度。与此同时，交通运输行业的文化单位还存在小、散、弱的局面，因没有实现“抱团取暖”，故抵御风险的能力十分薄弱，与所依托的行业不能匹配。特别是我们深化改革、创新发展的自觉性还很不够，习惯于按照惯性运行，回应和满足广大交通运输职工对精神文化生活要求越来越高需求，还缺乏紧迫感。改变这种现状的最好途径，就是认真贯彻党的十八大精神。按照“要深化文化体制改革，解放和发展文化生产力的要求”，通过“三改一加强”（改革、改组、改造和加强管理），建立和逐步现代企业制度，完善法人治理结构，吸纳和引进战略投资者，努力做大做强。期望在大部制的背景下，部按照市场规律和文化发展的规律，加强与财政部文资办的协调，按照“扶优扶强、突出重点、注重效益”的原则，加大整合资源的力度，组建交通文化传媒出版集团。我注意到，杨传堂部长在中华全国供销总社工作期间，曾大力推进中国供销集团的组建，把最优秀的资产、人才、企业文化集中在一起，打造供销合作社系统企业“国家队”，带动全系统企业的健康发展。2011年9月7日，他在中国供销集团调研时强调：组建集团是企业践行科学发展观的正确道路。

今年2月，人民交通出版社职代会已通过股份制改造的决议，目前，按照“三重一大”的决策机制运作，已确定了为我社上市服务的中介机构。上市公司有着严格的市场监管制度及投资公开制度，因此，上市公司的投资行为、运营管理、财务管控都比较规范。此外，上市公司遵循契约治理原则，涉及到广大投资人（股民）的切身利益，又有证券监管机构的监督，可以在一定程度上限制有关部门的“越位”。坐而言，更要起而行。通过这次培训，作为我社上市领导小组的成员，我信心陡增，更加坚定了以积极的姿态履职，全力推进企业上市的决心。我将在班子的带领下，力促改制上市“修成正果”。

当然，如果上级机关要推进交通文化集团的实施，我们期待这种整合、成立集团，是在市场经济已经比较成熟的基础上运作，应充分用好“无形的手"的力量，切忌搞"拉郎配"。

结 束 语

自近代以来，为改变国家和民族的命运，中国人始终在梦想着、追求着。这个梦想曾经宛若夜空的星辰，温暖而遥远。1932 年 11 月《东方杂志》曾在全国发起过"做一回梦"的征稿活动，征稿函中写道："梦是我们所有人的神圣权利啊！"著名学者许纪霖最近在微博上也这样说："有梦想，才能成就大业 ……。"为了实现"中国梦"，中国人民曾经尝试过很多种方法，选择过很多种道路，但都一一失败了。通过培训和今后的学习，我认定中国特色社会主义道路不是封闭僵化的老路，不是改旗易帜的邪路，是实现"中国梦"的必由之路，中国特色社会主义理论体系是实现"中国梦"的行动指南，中国特色社会主义制度是实现"中国梦"根本保障。在我看来，中国共产党目前正处于最应该自信的阶段。我们应该对共圆"中国梦"空前自信！

春风润万物，鞺鼓催征程。我愿做共圆"中国梦"的建设者。

"事业发展没有止境，学习就没有止境。"对党员领导干部来说，知识欠发达，崛起无后劲。学习要成为一种生活方式，要成为自己生命中的一部分。中国古代哲学讲究"'道'不离器"。学习既要"识器"，学专业技术、现代管理、政策法规；更要"悟道"，悟中国特色社会主义之道，悟历代政权更替之道，悟为民服务之道。在结束此篇体会之前，我对部人劳司在创建学习型、服务型、创新型政党的背景下开展领导干部培训工作表达一点期待：目的更明确、视野更开拓、知识更全面、运用更灵活，不断引导大家重视问题意识，带着问题学，体现学习型组织的要求，多组织反思式、互动式、民主式、共享式的学习。

抢抓文化大发展大繁荣机遇 努力实现出版社科学发展

张　斌

当前，社会主义文化建设正掀起新高潮，文化和交通两个领域又都实行了大部制，两个行业均与我社的发展密切相关，复合影响极大。既然置身其间，便不能漠然视之。因此，深刻研判形势，客观看待自我，明确我社发展路径，具有重要的现实意义。

一、必须抓住文化大发展大繁荣机遇

中共中央十七届六中全会通过的《中共中央关于深化文化体制改革推动社会主义文化大发展大繁荣若干重大问题的决定》（以下称《决定》）明确提出，要确保到2020年文化产业成为国民经济支柱产业；十八大报告中也重申了《决定》的目标任务，对文化产业发展给予了高度重视。国家把文化事业提升至产业高度来看待，应该是对其经济属性和商品属性认识的回归，既有提升文化（话语权）考量，也有发展经济考量，是综合考量。

说是文化考量，是因为中国已经位居世界第二大经济体，经济在全世界的影响力巨大，但中国文化软实力对世界的影响与经济大国影响力的地位是不相称的。5000年中华文明，源远流长，持续不断，且兼收并蓄，对中国周边地区产生了深远的影响，形成了相对独立的汉字文化圈、儒家文化圈。19世纪末以来，中国传统文化多次遭受了强烈的撞击与动荡。鸦片战争、辛亥革命、五四运动，当时的进步文人胸怀救国救民的满腔热血，义愤填膺，愤怒地将大清王朝之前的中国统治文化踏在脚下，他们在打倒政权的同时，将文化也一并打倒。以图清出场地，实现自己中意的外国蓝图。几番折腾，我们的文化精英们并没有在自己的呐喊和厮杀中，培育出一种全新的文化形态应用于中华民族，反而激烈的争斗留下的是无尽的荒凉，一边是传统文化的遗弃，一边是新的文化体系无法建立，双重矛盾导致了中国文化不知何去何从。民族开始彷徨，国民开始迷茫，直接导致了当代国人信仰的缺失，文化归属感的空无。1980 年代始，国人不得不回头汲取中国丰富的文化和伟大的历史，艰难地恢复与重建国家的道德与伦理核心，以解决有效又有力的伦理哲学、宗教或意识形态的缺乏。现在国家间话语权争夺非常激烈。据统计，90% 的国际新闻来自美联社、路透社、法新社、合众国际社四大通讯社。2008 年奥运火炬传递，正好发生了拉萨 3. 14 骚乱，国际上的负面报道超过了 1989 年动乱之时。之后，国家投入了 450 亿元用于中央电视台、新华社、人民日报等平台建设上。2011 年，中国国家形象宣传片推出。当下兴起的国学热也是很好的现象，但重建是一个长期的过程。

说是经济考量，是因为根据国际经验，人均 GDP 从 3000 美元向 6000 美元迈进，带来居民的消费升级、娱乐教育文化服务类支出比重上升。我国经济增速在经历多年的高速增长期后，已经开始进入放缓通道，从国内经济发展与传媒行业发展特点来看，经济萧条或危机时期，往往是文化特别是文化产业得以发展与繁荣的机遇期。从 2000 年十五届五中全会提出发展文化产业的战略思路以来，中国文化产业在两个五年计划内，年均增速达到 15% ~20% 。中央提出推动文化产业成为国民经济支柱产业，意味着文化产业在未来五年内占 GDP 的比重由目前的 2. 5% 上升至 5% 以上，文化产业在国民经济中的地位将会不断强化，产业规模将继续扩大，而产业发展增速也将加快。中信证券在其报告中指出，如果考虑“十二五”期间 GDP 内生增长，文化产业复合增长速度至少达到 22% ~25% 。继房地产、汽车拉动经济高增长 10 年之后，文化产业将成为新的经济拉动引擎，文化产业也将迎来其大发展的黄金十年。

文化大发展大繁荣，有明确的政策支持，也有更好的市场环境。同时，作为交通文化企业，我们也承担着交通文化建设的重任。我们要毫不迟疑地抓住和用好文化建设高潮带来的诸多机遇，趋利避害，在推动行业文化大发展中实现自身新的跨越。

二、必须深刻认识面临的发展环境

“十二五”时期乃至今后更长一段时期，外部环境将发生很大变化，仔细审视未来，深刻认识面临的机遇和挑战，对保持我社持续健康发展至关重要。

先说出版。《决定》在第六部分中提出“要培育一批核心竞争力强的国有或国有控股大型文化企业或企业集团；要在重点领域实施一批重大项目，发展壮大出版发行、影视制作、印刷、广告、演艺、娱乐、会展等传统文化产业，加快发展文化创意、数字出版、移动多媒体、动漫游戏等新兴文化产业；鼓励有实力的文化企业跨地区、跨行业、跨所有制兼并重组，培育文化产业领域战略投资者。”在第七部分提出：“以建立现代企业制度为重点，加快推进经营性文化单位改革，加快公司股份制改造；创新投融资体制，支持国有文化企业面向资本市场融资。”这虽是纸面上的，但都有针对性，是有所指的。因为底下动作连连，早就布局了。

第一，造大船。随着中国科技出版传媒集团的成立，我国出版业在国家层面上形成了外向型的人文、教育、科技四大出版集团格局。国务院在批复文件中说：“建成中国出版业有主导力的龙头企业、有竞争力的现代企业、有影响力的跨国企业。”“将作为科技出版资源和企业资产整合平台，按照资源互补、产业结构合理、先易后难的原则，采取行政推动和市场运作相结合方式，分批、分阶段对其他中央部委拥有的科技出版资源进行整合。”另外，推动组建的一批地方出版集团，如凤凰传媒、中南传媒、中文传媒、新华文轩等，体量、实力都堪与国字头匹敌。

第二，兼并重组、股改上市。如中国出版集团重组黄河出版集团，电子、邮电社参股中国科技出版集团，上海世纪出版集团、上海文艺出版集团重组成立新的上海世纪出版集团等。中南传媒、中文传媒、凤凰传媒、大地传媒、长江传媒或借壳或 IPO 陆续上市。中国科技出版集团、中文在线、知音传媒、时代华语进入初审。

第三，鼓励跨媒体、跨区域、跨领域、跨所有制、跨国界合作，引导资本有序进入出版业，通过资本运作推动产业升级。如浙江出版联合集团与英国普罗派乐卫视签署出版合作框架协议，在英国建立出版机构。凤凰出版传媒集团在伦敦成立境外首家实体企业凤凰传媒国际（伦敦）有限公司，在加拿大温哥华成立凤凰文化贸易集团公司加拿大办事处，与上海青马图书发行公司,雪漫文化公司及北京鹏飞一力图书有限公司合资成立北京凤凰雪漫文化有限公司、北京凤凰壹力文化有限公司、凤凰汉竹图书(北京)有限公司。中南出版集团与北京博集天卷成立中南博集天卷文化传播有限公司。新闻出版总署原署长柳斌杰通过媒体公开表示,让民营出版业由体制外变成体制内,能够同样参与书号的申请,比如在北京成立出版创意产业园区,集中优秀民营出版企业。

第四,倡导内生式发展。后转企时代,更多的出版社是内涵式发展,都在固本强基。综合出版已成事实,历史形成的出版格局发生了全面的变革,越来越多的出版机构在保有历史形成的出版特色优势的同时,选择人文、教育、少儿等领域拓展,如机械工业出版社的经管类图书,轻工业出版社的大众类图书,法律出版社的人物传记和小说,石油工业出版社的社会图书等,都形成了规模和品牌。

第五,把数字出版作为战略性新兴产业。数字出版风生水起,"十一五"以来,我国数字出版产业整体收入增长迅速,从2006年的213亿元,增长到2012年2200亿元,年均增幅接近50%。国内数字阅读人数已达2.5亿。亚马逊高管扬言:出版商的最终倒闭是大势所趋,迟早会到来。旧有的出版模式终究会走到尽头,结下来出版业中不可或缺的只有作者与读者,其余介于两者间的尽是危险与机会。他开始联合作者甩开出版社,打通从作者到读者的产业链,正式成为各大出版社的竞争对手。大批民营实体书店倒闭,如中关村第三极书城破产,风入松歇业,光合作用倒闭。与此同时,京东商城图书频道、苏宁易购图书频道上线。2012年3月,已出版244年的《大英百科全书》宣告停止印刷版,向教学解决方案转型,这可以看作数字出版领域的一个标志性事件。

如果说改革初期是国退民进,改革中期是国进民退,那么进入改革深水区感觉是国进民也进,共同把蛋糕做大。《决定》对这些做法给予了肯定或者是背书,两相结合,传递出改革进入快车道,并将会掀起高潮。新闻出版总署和广电总局的合并,将进一步推动产业融合,驱动国有文化资产与产业化力量接轨,加速文化产业的整合,使拥有资金和融资优势的传媒集团有望通过跨行业、跨媒体重组迅速做大,多元化经营的大传媒集团有望诞生。券商分析人士称,在大部制改革以及板块轮动预期下,传统媒体将迎来整体投资机会。而这可能只是文化体制改革的第一步,之后不排除将文化部、国家旅游局、体育总局等部门进行再次整合,设立新的大文化部。文化与信息融合、文化与旅游融合,将催生新的文化业态和新的

文化产品与服务。

次说教育。《国家中长期教育改革和发展规划纲要（2010—2020年）》中把教育摆在了优先发展的战略地位，业界公认教育迎来了第三次跨越式发展期。其中职业教育又被放在了更加突出的位置，2015年职业教育在校生规模要扩大到3600余万人，2020年要达到3800万人。我社是教育部认定的国家中等职业教育教材出版基地，与交通运输部交通职业教育教学指导委员会联系紧密，有成熟的教材组织编写、出版模式，正是“直挂云帆”、“乘风破浪”之时。

作为一家专业出版机构，我社的发展与所依托行业的面貌息息相关，所以再看一下行业。

公路建设方面。“十二五”期间要基本建成由7条首都放射线、9条南北纵线和18条东西横线组成的国家高速公路网，总规模约8.5万公里，建设资金投入总计约2万亿元。加大国省干线公路改造力度，基本实现具备条件的县城通二级及以上标准公路。公路建设投资增速预期趋缓但规模仍将保持高位。

汽车方面。目前我国民用汽车保有量已达1.14亿辆，其中私人拥有的各类汽车超过8613万辆。我国汽车市场发展潜力巨大，特别是私人汽车消费，未来20年将持续高速增长。随着我国汽车服务贸易体系的日益完备，汽车销售服务、技术服务、保险、运输服务、物流经营等汽车后服务市场将进入高增长期。

水运方面。国家出台了加快内河水运发展的意见，将内河水运发展上升为国家发展战略，提出到2020年总体实现水路交通现代化。“十二五”期间，中央将安排450亿元财政资金，加大航道、支持保障系统和中西部地区港口等的资金投入，建设以高等级航道为主体的航道体系，建设布局合理、功能完善、专业化和高效率的港口体系，建设具有较强国际竞争力的集装箱干线港口和国际航运中心，水运事业发展迎来了“黄金时代”。

同时，铁道部与交通运输部合并，要促进铁路、公路、水路、民航、邮政协调发展，提升综合交通运输的效益和效能。期间，简政放权、规划调整、标准重建、政策激励、各种运输方式的衔接，蕴含的机会很多，都值得我们期待和关注。

综上，当前的出版业可说是风起云涌，大浪淘沙，不进则退，甚至是生死存亡的考验。但目前还只是政府在引导，企业在跑马圈地，抢资源，竞争质量、运作水平都还不高，还在摸索或磨合期。而且我社依托的交通行业背景宽而深厚，上述生存环境对我社近中期发展而言总体利好，应该还处在战略机遇期，我们要坚定信心。

三、必须清醒地看待自身的发展状况

这些年，我社战略规划引领，持续给力主业，聚集内部管理，经营业绩不俗，管理集约高效。如今主业挺拔，制度完备，经营集约，经济总量持续增长。2012 年销售收入是"九五"初期的 7 倍，翻了近三番。"十五"以来，我社达到了年均 17% 的成长幅度，图书重印率、回款率、成本收益率等各项效率指标大大高于业界平均水平，核心图书类别市场占有率均位居出版社前列，综合实力发展很快，跻身国家一级出版社行列，位列科技社第一梯队。

应该说，我社这些年的快速发展，离不开全社员工主观上的不懈努力、抢抓机遇，是大家的共同努力换来了今天的好时光。但也应该看到，我社的发展更得益于国家宏观经济形势持续向好的带动，依托的交通行业宽厚背景的支持(图 1)。因为行业之所以能快速发展，正来自国民经济持续向好的推动与需要，而行业大发展了，我社快速发展也就有了天然的便利条件。还应认识到，我社的发展也有赖于出版业还在享受保护。正是出版业的有限度开放，才使得我们可以充分利用行业内独占性的生产要素优势组织图书、出版图书、发行图书，尽享行政保护、行业垄断之利。

在自豪于我社发展所取得的成绩的同时，也要清醒地看到，我社在经营管理活动当中仍有不全面不协调、不及时绸缪便会影响到我社未来的可持续发展之处，主要有以下三点：

一是专业化基础上的市场书比重偏低。北京开卷图书公司提供的数据显示(表 1)，销售部门的同志也体会，我社适合新华书店销售的市场类图书缺乏，在新华书店渠道的影响力有所下降。出版中心想得是固守住盈利水平较高的行业图书，编辑对市场书不重视，编辑对市场的敏锐度会减弱，做市场书的能力会下降，作者队伍不维护，老的会流失，新的补充不进来，作者资源会萎缩弱化，长此以往，出版社的宏观品牌知名度和美誉度会下降。而对手同期却在借机扩大影响，他们都是在厚积提升自己的品牌。与竞争对手比市场手段，同样条件下我社或许还会有优势，但代价

必极大，牺牲的是原可归我社的利润率。

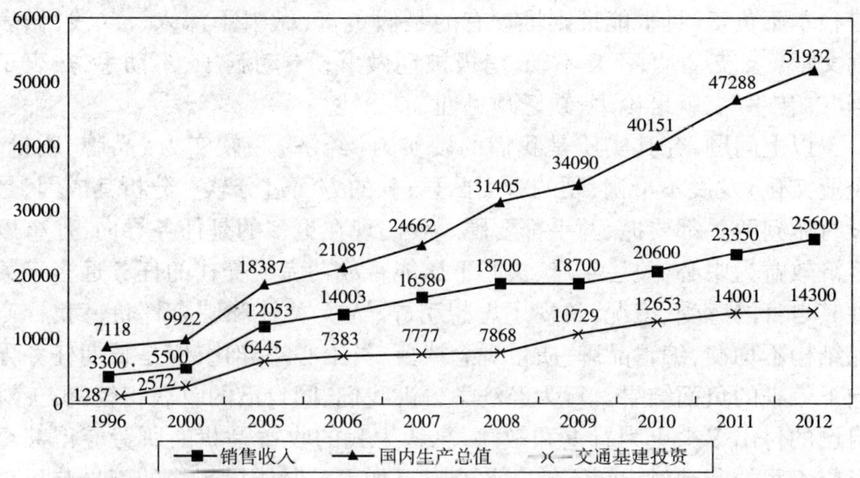

注：我社销售收入单位为万元，国内生产总值单位为 10 亿元，交通投资单位为亿元

图 1　GDP、交通投资与我社销售额

人民交通出版社主要门类市场竞争地位　　表 1

细分类	2010 年			2011 年			2012 年		
	码洋占有率排名	码洋占有率（%）	动销品种占有率（%）	码洋占有率排名	码洋占有率（%）	动销品种占有率（%）	码洋占有率排名	码洋占有率（%）	动销品种占有率（%）
汽车	2	6.25	10.99	2	8.65	10.05	3	8.24	9.84
交通地图	2	11.99	11.94	2	9.66	11.34	3	13.74	11.51
建筑	13	0.91	1.56	16	0.74	1.48	24	0.64	1.4
水运	3	20.75	22.37	2	20.78	21.3	1	26.99	20.02
公路	1	58.3	64.89	1	49	62.86	1	58.99	60.42
交通综合	1	35.16	37.26	1	38.37	37.49	1	45.23	37.14

二是质量、品牌意识还没有深入人心。社定的绩效考核机制已经决定了各编辑部门的行为取向，条件相当时大多数人更倾向于确定的收益。品牌、质量在出版中心层面上是顺手而为，附带为之，得之不荣，无之不耻。于是出现了加工不认真、复审流于形式，出现了原创图书匮乏、几年间连一本参加评奖的图书都找不出来，出现了因涉密、违反出版管理条例的种种情况。

三是一些员工负责任状态还差很多，大局意识、全局意识缺失。有的是根本不负责，见事能推则推。有的是假负责，做事不深入、浮、浅，做表面文章；支支动动、不支不动，消极被动做事；不动脑子、不动手，热衷于当“二传手”；就事论事，缺乏预见性、前瞻性。

以上问题，究其实质是我们的硬实力（经济）和软实力（品牌、质量、企业文化）发展不平衡，硬的方面凸显，软的方面过分软。分析其成因，是没有做到两手都要抓、两手都要硬。我们现在更多的是任务导向，凡事以经济效益为中心，关注生产、关心下属能否成功完成交代的任务远多于关注其自身的感受、境况，忽视了思想引导、人文关怀和综合评价。我社产品结构不均衡，编辑品牌、质量观念淡薄，员工心态异化，应是长期任务导向下带来的负面结果。行为经济学告诉我们，同自己的收获相较，员工对自己的付出多少更为看重和敏感，总认为我的收益是我的所劳应得甚至对应于我的劳动付出还不够。此心态下如不及时予以正面的引导与思想教育，员工必“自我减负”，分内之事完成质量下降，分外之事高高挂起，长此以往，其责任感和大局意识、全局意识便日趋淡漠。

客观地看待自己的成绩，正视自身的不足，对于我们不骄不馁，坚持专业定位，找准努力方向，并下大力气去改进之，从而实现我社的可持续发展，实是关键。

四、必须以科学发展观统领出版社永续发展

认清形势，知己知彼后，就要抢抓机遇，把自己的事办好。毕竟，国家宏观经济进入放缓通道后，行业发展速度也会受到约束，一旦行业发展慢下来，到时即使我们想快也缺了前提条件。时不再来，必须抓住当下，抓紧做大做强自己。那么，如何实现出版社的永续发展、做大做强呢？科学发展观告诉我们，最根本的方法是着眼于以人为本，统筹兼顾。基于此，结合社内外条件，窃以为应从以下几方面着力：

第一，守法经营，固本强基。“本固枝荣”，唯有本固，所有的举措方能发挥出正效应，即使有不当，也不会有伤筋动骨之虞，所以出版社的经营活动首先要合法合规，这是出版社可持续发展的必要前提。近年国家对财税政策、市场监管法则作了大幅调整，修订了《个人所得税法》、《企业财务通则》、《企业会计准则》，出台了《企业所得税法》、《反不正当竞争法》、《关于禁止商业贿赂的暂行规定》等政策，整体监管趋严趋紧。已经

有出版社和业内人士因违规而受到处理,甚至有的还是主观上想办"好事",但结果却是对个人和出版社都伤害甚深。前车之鉴,我社财务和会计制度严格规范,全社上下守法经营至关重要。另外,出版业界牵涉国家安全、机密等方面的图书、版权纠纷时有发生,社会上也对一些出版物品位低下、差错充斥、语言失范、逻辑混乱的现象反响强烈。图书是文化商品,国家在《产品质量法》、《消费者权益保护法》、《国家通用语言文字法》中都对侵犯读者合法权益的行为作了严格界定,新闻出版总署对出版物的抽检及处罚力度也在加大。"利人利己",我们都要做有良知的编辑、负责任的出版社,为读者、为社会奉献合格的图书产品。

第二,坚持科学发展,协调发展。这是我社实现可持续发展的重要保障。事实证明,只有经济增长、收入增加,员工可能不一定感觉幸福。所以,从发展指导思想上来说,我们需要的是超越单纯的追求经济指标好看,硬指标和软指标、经济和企业文化实现包容性的进步,才是可持续的发展。一是要处理好眼前效益与品牌维护的关系。我们想得是固守在盈利能力较高的领域,但"皮之不存,毛将附焉",一旦宏观品牌知名度和美誉度下降,要培育好的微观品牌,势如登山之难。毕竟出版竞争的本质是对作者资源的争夺,而竞争达极致时品牌知名度便成了决定因素,况且真正有影响力的作者更在意的是出版社的品牌而非稿酬条件。因此,在做微观品牌(个体图书)时,要考虑对次宏观品牌(专业门类)乃至宏观品牌(社)的贡献度,尤其是在行业图书和教材利润率较高更有条件兼顾市场类图书的情况下。二是要处理好眼前效益与中长期均衡发展的关系。社里在鼓励生产部门抓经营之时,还要考察其推进部室全面建设情况,比如人员培训、规章制度学习落实、图书质量、专业品牌维护能力等,不能出现经济效益很好但却缺乏好的图书品牌且图书质量、团队建设很差的状况。另外,新的内外部条件下要转任务导向为员工导向或关系导向,强调集体工作、合作和支持性沟通,在组织中营造一种情绪上的支持、温暖、友情和信任的氛围。可辅以有组织的论坛或务虚会,给大家一个建言献策和讲真话的机会。

第三,关注数字出版,积极应对。这是我社实现可持续发展的必经之路。数字出版模式多元、自主的选择满足阅读需求,必然会挤压传统出版空间、消减其赢利水平。数字出版成功的盈利模式是大规模的内容、大规模的使用。目前很多出版社都已启动了管理数字化和内容资源数字化。有的是自主开发,有的是选择技术商合作或外包,但尚未形成可行且通用的商业模式，而且数字阅读需求还不清晰、市场需求也不足。但需引起我们重视的是技术商已迅速向内容提供商转变，如清华同方知网、万方数据资源系统、北大方正阿帕比网站等，都在以各种形式大肆攫取出版社内容资源。这就需要我们明确自身定位，审慎设计数字产品形态和销售模式，保护好自己的核心资源。同时，既要注重新产品开发，更要重视产品营销，做好市场反馈，增加用户黏性，探索出符合自身特点的商业模式。

第四，不排斥多元发展，趋向蓝海。现在多元发展渐成气候，无论是广度、深度、规模、效应、模式等，多元化经营力度前所未有。其基本趋势是：依托原有的地利化优势进行地产开发，依据出版资源进行教育培训、咨询等开发，从图书内容向下延伸产业链至影视创作、游戏、动漫等领域，向上建立作者平台、教材研发等。如中国出版集团公司与江西新华发行集团有限公司联合投资兴建全国体量最大的现代化出版物流通中心，中国电信江苏公司与江苏凤凰出版传媒集团共同打造华东地区最大的云计算中心，时代出版传媒参与投资拍摄10余部影视剧，凤凰出版集团下属上市公司凤凰股份打造五大文化MALL综合体。如今我社能有机会参与10集纪录片《中国港口》、30集电视连续剧《碧海雄心》的拍摄，实为难得。即使没有经济上的收益，单单参与这项工作，对于我们获得经验、积累资历、提高形象、增加自身筹码，也是益处多多。据了解，出版界投资影视的平均收益率在10%～15%，由此，我社参与程度理应更积极些。

第五，重视资本运作，推动上市。在市场经济环境下，任何产业、任何企业要想快速发展，都必须充分重视资本市场的作用。上市的好处非常明显：一是通过上市实现价值增值；二是未来的价值可通过资本市场得到实现，尤其是无形资产获得了有形表现；三是上市可募集到大量资金，为今后的兼并重组、战略合作奠定资金支持；四是上市要建立较为完善的现代企业制度，工作效率获得极大提高。一批出版发行企业成功上市后，实现了国有资产的保值增值，相比其他行业股票，上市书企的股价一直比较坚挺。相关数据显示，目前已经公布上市计划的文化企业达到180多家，在传统媒体领域，计划上市的文化企业达17家，融资约60亿元。网络新媒体领域计划上市的文化企业约30家，融资金额将达120亿元。预计“十二五”期间，每年将会有30～40家文化企业在不同的交易所上市。基于后转企时代进一步发展、趋先，转型或投入大型工程、大项目资金，吸引及留住人才，防止被兼并，进一步扩大品牌及为行业服务，提高社工作、文化环境氛围，提高员工生活质量，实现社长期稳定生存等方面的考虑，社

第七届职代会第一次会议一致同意推动出版社上市,充分体现了我社全体员工谋发展的期望态度。这项工作难度极大,但我们必须坚定决心,坚持往前推进。

总之,我社的发展基础良好,教育政策和所依赖的行业前景对我社近中期发展而言又总体利好,交通出版业仍大有可为。只要我们正视自我,坚持正确导向,着眼于以人为本、统筹兼顾做事情,上下良性互动,就能把内外部条件利用好、把任务环境带来的机会发挥到极致,转化为最大的收获,从而实现我社的长期可持续发展。

一种基于科学评估岗位价值的薪酬设计思路

——出版企业薪酬制度设计的探索与实践

郑文荣

2010年底，绝大多数出版单位完成转企，出版单位原事业体制下的工资制度已不再适应发展要求，很多出版企业开始酝酿、着手进行薪酬及绩效考核制度的变革。由于现今业界尚未形成一套行业特色鲜明的薪酬管理模式，各社在薪酬制度的设计上多处于独立摸索、逐步实践阶段，也有不少出版社聘请专业管理咨询公司参与制度的设计。由于各社情况不同，设计思路也不尽相同，有的较为保守，偏重公平；有的公平与绩效并重；也有的注重激励，个人收入甚至完全与绩效挂钩。

那么，在当前市场竞争日趋激烈、资本整合全面加速形势下，出版企业应如何设计适合自己的薪酬制度呢？笔者认为，薪酬制度应体现有效激励员工工作积极性的最基本功能，凡能较好地满足出版企业自身发展需要、促进经营较快增长、较好调动员工创造积极性的薪酬制度，就是好的薪酬制度。结合当前出版企业的实际情况，制度设计至少应考虑以下几个因素：一是、薪酬水平与文化传媒行业整体市场工资水平相关联，与当地劳动力市场工资水平相关联，即体现“出版”的特点，又体现“企业”的特点；二是、既体现一定的内部公平性，又体现绩效导向的激励性；三是、具有较为合理的薪资结构；四是、具有较为合理的薪酬上升通道。

正确处理内部公平与绩效激励的关系，一直是薪酬设计的难题。采用以利润为主要考核目标的生产经营绩效考核结果与薪酬分配有效地挂起钩来，就能比较容易处理好绩效激励的问题，但如何体现企业内部各群体之间的公平分配问题，就显得很困难。笔者结合本企业薪酬制度设计

的实践，介绍一种可有效解决内部分配公平性问题的设计思路——基于科学评估岗位价值的薪酬设计方法。

一、岗位价值评估方法

众所周知，每一个岗位都具有不同的岗位职责与工作要求。这些职责和要求不仅决定了岗位的任职条件，还客观上决定了岗位间的相对价值差异。这种价值差异，在经过科学分析和客观准确评估后，是可以得以体现的，如果把岗位的价值差异与岗位工资的高低结合起来，就解决了相当一部分公平性的问题。

那么，如何进行科学合理的岗位价值评估呢?

首先，要真实编制岗位说明书。对所有岗位的工作职责、岗位任职资格条件进行全面认真梳理，准确描述工作职责，客观拟定任职资格与条件，真实地反映各岗位的责任与要求。

其次，成立评估小组对各岗位进行价值评估。评估小组由企业领导、部分了解全面工作的中层正职等人员组成，为减少分歧，统一意见，小组人员不宜太多，以15人以下为宜。然后由评估小组对各岗位进行客观公正地评估。评估一般从岗位的影响力（影响范围、影响程度）、创新力（创新要求和创新难度）、管理（管理范围和管理程度）、沟通（沟通对象和沟通难度）、知识技能（知识广度和知识技能水平）五个因素的十个维度进行量化综合评估打分，再计算出评估结果。在评估前，需要做好充分准备，如认真设计评估表格，合理分配五大评估因素的分值比例，设立设置各因素各维度的分数。在评估时，各评估小组成员应以全局利益出发，抛弃本部门、本岗位利益倾向，实事求是、客观公正地进行评价，只有这样才能保障评估结果的准确性和科学性。

第三，确定岗位职级。根据岗位价值的评估结果及实际需要，把所有岗位按评估价值高低划分为若干个职级（一般可视出版企业规模大小分为18～22级），岗位价值越高，对应的岗位职级越高；反之亦然。通过客观评估确定的岗位职级基本打破了原有事业单位基于行政级别的职级结构，构建了以价值评估为基础的岗位职级上升通道，不仅体现岗位工资的内部公平性，也为员工提供了从低档次到高档次、从低职级到高职级的奋斗通道，较好地体现了激励作用。

岗位价值评估是薪酬设计的基础，是保证内部公平性的关键步骤。

二、设 计 思 路

在把岗位价值评估结果作为确定员工岗位工资依据，很好地解决了内部公平性问题的难点之后，就可以对薪酬做出设计。结合企业实际情况，可以对薪酬制度设计如下：

首先，在总体思路上，将薪酬分稳定性收入和绩效收入（奖金）两部分。其中稳定性收入主要体现内部公平性，绩效收入主要体现激励导向。企业可结合实际情况确定两者的比例关系，如两者比例为60%∶40%、50%∶50%、40%∶60%等。

其次，对稳定性收入做出界定。体现内部公平性的稳定性收入可考虑包括工资、津补贴和福利三个方面，其中工资包括基础工资、工龄工资和岗位工资。基本工资是员工在每月正常出勤并完成基本工作任务情况下获得的稳定性报酬，所有员工都一样，可设计成接近本地最低工资标准的数值，且可根据当地消费者物价指数（CPI）、最低生活费标准等因素进行调整。工龄工资按员工服务社会的年限长短确定，每年可按20元或30元标准确定。岗位工资是员工在完成本岗位工作任务、履行正常岗位职责的前提下获得的稳定性薪酬，它与岗位职级一一对应。

第三，合理确定各职级岗位工资的数额。岗位工资是岗位价值的具体体现，体现各职级的主要稳定性收入，因此是稳定性收入中比重最大的部分。为体现同一职级中不同素质的员工的岗位工资差异，可将同一职级的岗位工资分为九档，根据对员工个人的学历、社龄、岗龄、职称等个人因素定量考核进行套档。在各级岗位工资具体数额的确定上，可结合出版行业总体薪酬水平、本地劳动力市场工资指导价等因素进行确定。具体设计时，需要掌握业内各职级的大致薪酬水平，选择一定比例计算确定中间档位岗位工资基数，再按一定带宽（0.60～0.75）计算1～9档各档具体数值。当然也可自行确定最高、最低两职级的数值，按一定比例确定各级的数值，再按一定带宽计算每职级各档岗位工资，但这种做法缺乏与行业、市场的紧密度，仅反映本企业的薪酬水平，并没有与行业及市场工资水平挂钩。在具体的人员岗位工资套算上，先确定岗位职级，再进行工资档次的入档。入档方法如下：先根据岗位任职条件用量化方法确定每个岗位的任职基准分数，再根据员工的学历、社龄、岗龄、职称等个人因素定量考核，计算出员工个人因素分值。个人因素分值减去岗位基准分数，得

出员工的岗位工资档次分数，再根据档次分数依据一定方法（如取整数法或四舍五入法）确定员工的工资档次。

为充分发挥激励导向作用，可采用积分晋档的方法调整岗位工资。员工在其岗位上积分满一定分值，晋升一档岗位工资，直至最高的第九档；第九档积满一定分值，晋升到上一职级。这样就很好解决了工资的晋升通道问题。企业可以根据激励需要指定工资计分的规则，将员工学历、职称、工作技能、考核结果及奖励情况等因素作为积分要素，并使各个岗位员工因能力的提升而获得相应的回报，从而充分调动员工干好工作、提升自身素质的积极性。

第四，划出一定比例的薪酬作为绩效收入。绩效收入即奖金，具有一定浮动性，是员工完成岗位工作任务超额部分绩效的具体体现，与员工在一定时期内的工作业绩、综合表现等情形相关的考核结果挂钩发放的现金收入。奖金的发放规则可制定专门的绩效考核办法予以规定。

三、主要优点

基于科学评估岗位价值的薪酬设计思路主要体现以下三个方面的优点：

首先，这种设计思路能够很好地体现出版企业战略性、经济性和成长性原则，即薪酬设计能与阶段性发展目标相互适应，体现基本价值取向，从而支撑发展战略的实施。

其次，这种设计思路基本体现了薪酬体系的合理化和科学化，很好地解决了内部公平和绩效激励导向的问题。一方面，基于定编、定岗、定责"三定"方案，不同岗位的相对价值差异直接体现在工资等级上；同一等级的员工，按个人学历、职称等因素区分工资档次，将个人价值的不同直接体现在工资档次上，所以从岗位价值、个人价值两个方面体现薪酬分配的内部公平性。另一方面，它又以工作业绩来确定奖金，员工的绩效表现与奖金直接挂钩，通过绩效考核实现责任风险与收益对等的有效激励，较好地体现了绩效导向。

最后，具备较为完善的薪酬上升通道。思路设计了合理的等级和档次的发展通道，不同岗位职级对应不同工资等级，体现不同业绩、不同能力情形下薪酬水平的变化，鼓励员工不断提高岗位职级来提高收入；同一职级不同工资档次有明确的晋升规则，鼓励员工通过努力争取积分来提高工资档次，从而提高收入。

国务院办公厅在《关于印发文化体制改革中经营性文化事业单位转制为企业和支持文化发展两个规定的通知》中指出，“转制后在职职工执行企业的收入分配制度，职工工资分配应参照劳动力市场价位，合理拉开差距”，同时要求有关部门“根据文化企业劳动力市场价位，对转制后企业的收入分配进行指导和调控”，出版企业的薪酬方向是走向市场、拉开内部差距，大锅饭式的分配制度已没有生存空间。党的十八大提到“努力实现居民收入增长和经济发展同步、劳动报酬增长和劳动生产率提高同步”，在社会主义文化大发展大繁荣的历史背景下，出版业迎来了前所未有的历史性发展机遇，但业内资本整合加速、市场竞争日趋激烈，电子书、网络出版等新兴出版物也给传统出版带来巨大冲击，在机遇与挑战面前，一套优越的薪酬制度思路不仅能有效激励员工工作积极性，更是企业争创经营佳绩的最有力武器，相信各出版企业都能审时度势，尽快制定出适合自身发展的薪酬制度，以适应自身做大做强的需要。

当前我社发展面临的问题与对策

吴有铭

党的十八大从中国特色社会主义事业“五位一体”总体布局的战略高度，提出了兴起社会主义文化建设新高潮、推动社会主义文化大发展大繁荣的战略任务。出版产业是文化产业的基础产业和核心产业，作为文化产业的主力军，经过60多年特别是改革开放30多年的发展，已成为名副其实的出版大国。

科技出版是出版产业的核心领域之一，传播科学技术创新成果，促进科学技术交流，提高科学技术水平，与教育、大众出版有着不同的特性，在迈进出版强国的进程中承载着不同的使命。人民交通出版社（以下简称“我社”）作为科技出版领域的重要一员，在面对发展机会的同时，也面临着一些发展中的挑战。因此，有必要在分析我社发展问题与困难的基础上，提出相应的对策与建议，通过进一步的改革措施，更好地提升我社核心竞争力，迎接未来的发展挑战。

一、引　言

如果说，我国出版单位是一条条渔船，或大或小，或长或短，在以前事业管理的体制下，生活在相对封闭的环境中，享受着一种自给自足的快乐，尤其是在曾经供不应求的卖方市场，提供的任何一种食品都会得到市场的认可。但当进入WTO后，出海口已打开，虽然国外大型舰船都已开到了入海口，风浪也比内河大一些，国内渔船对此也可以接受，不至于现在就翻船，毕竟还存在关贸协定的保护期，大家都或停泊或游弋在海湾中，海湾将大海的风浪与列强的巨轮隔离开来。下一步将逐步放开，大小渔船将离开海湾，去往深海捕鱼，此时多数渔船看到海湾外虎视眈眈的巨舰，以及大海中的狂风巨浪，再看看自己那瘦小的身躯，往往不寒而栗。对此，有些渔船开始联合起来造大船，使身躯显得更为庞大一些，便于抵御巨舰的碰撞以及风浪的打击；有些渔船开始苦练内功，夯实基础，如增加储备与给养，提升捕鱼的技能。

我社作为一家中型出版社，在没有并入相关的出版集团之前，应该苦练基本功，加强内涵式发展，同时作为全国百佳出版社，理应作为第一梯队参与竞争。作为一条中型渔船，没有了海湾适宜环境的呵护，在我国当前千帆竞发、百舸争流的背景下，如何在进入大海的进程中担任第一梯队，面对着市场的狂风骇浪，与国内外巨轮展开竞争，捕到更多更好的深水海鱼，给国内乃至国外居民提供更好的美食，是我们的目标。在驶入大海之前，应对自身渔船的软硬件条件做一全面审视，发现主要问题与缺漏，尽快予以弥补，以适应外出捕鱼环境与要求。

二、困难与问题

1. 船上成员危机意识不强，改革紧迫性不足，思想观念亟待更新。当前出版领域转企改制工作已经完成，经营性质的出版社已经改为了企业，从根本上变更了经营属性，必将从企业战略思想、转型发展上带来根本性的变化，相应的发展机制、组织结构和薪酬制度也将随之调整。进入市场后的出版企业将面临着适者生存式的残酷竞争，风险无处不在。如何掌控正确的行驶方向不迷失，如何快速适应风浪中的颠簸不晕船，如何利用优势在既有的渔场中有收获，如何联合其他合作者造大船，等等，都是当前企业员工迫切需要思考的重要问题。遗憾的是，我社员工长期习惯于依靠行政垄断资源，享受政府保护下的垄断利润，行业利润基本上靠安驾教材等培训教材、监理与检测类职业鉴定教材、传统交通土建类学历教材以及交通类标准规范等政府性规定，市场意识淡薄、竞争观念不强，竞争程度较低，不是努力去拼搏风浪，而是简单地怨天尤人。这种现象亟须改变。

2. 船上关键岗位的人员数量与质量严重不足。可以说，船上每个岗位都是关键岗位，都是关键环节，任何一个环节出现短板，都会影响其他环节乃至整体环节的效率，带来行驶中的风险。船上既需要把握行驶方向的船长，也需要执行力强的大副、二副，还需要更多的履行岗位职责的

水手,等等。这里所指的关键岗位人员,除了社领导、编辑、发行、管理和数字出版人才外,还应有资本运营、宣传策划、财务管理人才等,尤其是符合现代出版要求的高水平、高质量、复合型、国际化人才。我社有可能涉足的,如名人传记类、人文社科类、大众交通类等相关出版领域专业人才,以及畅销书运作经验丰富的人才极度匮乏。

3. 船上所载的向导质量与数量有限,难以保证捕获质优价廉的美味海鲜。换言之,我社可以依托的作者资源与精品力作严重不足。作者作为出版社的核心资源,属于出版社核心知识产权的创造者,是出版社决胜市场的根本,也是出版社生存与发展的源头。出版社之间的市场竞争,其本质上是优秀作者资源的竞争。当前,作者作为零散的单个个体,专业化、市场化、职业化程度不高,尚未形成独立的产业,随机性较强。我社缺乏相对固定的成规模的高水平作者队伍。产品过度依赖行政资源,教材比重大,形态单一,内容雷同,重复出版严重,替代性较强,出版存在一定程度的盲目性。当前具备发现大型渔场的高水平向导数量太少,在市场化程度不高的情况下,会随机乘上不同的渔船,很难寻找得到。而乘坐在我社这条船上的向导,多数只能找到近海的一些常见渔场,大都已被过度捕捞。而远洋的大型渔场的寻找与开发,需要极少数多年研究海洋气候的向导,与船长、大副、水手紧密协助,随时调整航线,等待最佳捕获时机,最终取得丰硕成果,当然,还要借助一定的运气,包括处理好与竞争对手的关系。

4. 船员对新的捕鱼工具、技术与客户新的需求重视不够。现阶段,数字出版、网络销售技术已成为出版企业竞争力形成和提高的关键因素,但我社整体上对新技术的冲击认识不足,对所形成的替代品威胁的严重性认识不足。我国数字产品形式单一,现多为1.0版本,还未能实现同步推出,远落后于国内外层出不穷的2.0、3.0版本的产品形式,尚未形成清晰的数字产品盈利模式。我社当前缺少数字产品的深度策划与实践,缺乏权威的信息发布平台,缺乏完善的网络销售渠道。大型、综合类的网上书店通过数字、网络技术,已经对零售终端产生了较大冲击,对上游出版环节的要价能力也越来越强,我社对此关注不够。实际上,以前客户主要解决的是食用问题,关注的是味道,现在不仅是味道,还要看到展示的效果,要有观感,如将鱼放在鱼缸里看到它游来游去,全方位地认知与了解,甚至在观赏过程中产生了购买的冲动。

5. 船体规模较小,资产配置能力不足,难以独立抵御大海风浪。我社经营规模有限,在资金、技术、管理、市场运作方面存在较大差距,难以适应全球化和市场经济体制下的出版活动及其规律,缺乏竞争力。我社固定资产、流动资产和无形资产比例不均衡,表现为流动资产比例过高,固定资产相对不足,无形资产有待进一步开发。单一媒体现象严重,难以适应现代出版产业高效率、低成本、大产出的要求,有待进一步与报刊、网络、电视、电影等全媒体的整合。我社当前的量级只能定位为中型渔船,难以独立抵御海上风浪,尤其是船中的资产配置比例不均衡,固定资产比例过大会导致船体下沉,过小又会导致船体上浮。单一书媒意味着渔船只会捕捞与销售一种鱼,在捕捞单种鱼的过程中有衍生品也得不到很好的利用,造成了资源的浪费。

6. 渔船自我积累能力有限,需要快速吸引外部投资,借力发展。出版社转企改制后,单靠企业内部资本来发展壮大的掣肘越来越明显,必须引入外界资本。通过产品线的扩张来获取发展资金,简单依靠要素投入获得发展已难以为继,很难适应竞争激烈的出版市场要求。尤其是在竞争对手纷纷通过完善法人治理结构来促进出版企业产权制度的改革,利用股票、企业债券、银行贷款等手段进入到金融资本市场,为企业赢得更大的发展空间的大背景下,我社亟须转变发展思路,完善法人治理结构,加快融资步伐,争取上市获得社会资金的注入,从而再造船体,加深扩宽,打造大船,从根本上增强抵御风险的能力。

7. 渔场与销售市场日益固定化与独占化,挤占了我社发展的上下游盈利空间。我国地方出版集团的兴起,不仅没有解决区域封锁问题,反而加剧了解决问题的复杂性,强化了区域封锁和行政分割,更容易设置壁垒,造成市场的不规范,带来区域保护主义盛行。地方出版集团既包含出版单位也把发行集团囊括其中,上下游结合形成利益共同体,这比行政性封锁更具有稳定性,利益格局更难打破。多地出版集团借助当地行政力量组织、策划、出版我社传统优势领域的学历、培训类教材,当地发行集团主要任务是发行本地版教材,与其进行利益捆绑,导致形成新的贸易壁垒,地区分割。

8. 市场环境恶劣,劣币驱逐良币现象层出不穷。图书产品版权保护力度不足,盗版现象严重,打击乏力。批发零售环节实体书店受各项成本提升影响,无法与盗版产品竞争,经营难以为继,网络书店经营环境恶劣,盗版图书严重泛滥。盗版图书的制作质量不断提高,市场竞争的相对无序,给盗版活动创造了条件。部分地方政府对盗版的非法性和危害性缺

乏必要的认识，不仅打击不力，而且错误地采取了地方保护主义的政策，纵容其发展。市场上充斥的都是价格低廉的死鱼烂虾，而出版社鲜活的渔产只能在库房中逐步走向死亡。

三、对策与建议

1. 应更新观念，加大传统出版向现代出版转型力度，重视经营，建立完善的法人治理结构，制定相应的组织结构与薪酬制度与之匹配。当前，我社已经成为自主经营、自负盈亏的市场主体，生产什么、生产多少完全取决于市场的需求，以市场为导向，以效益为中心，不得以生产为导向，以规模为中心。既要适应市场，更要培育市场，不能简单依靠垄断出版资源来获得利润。须知，驶向大海是大势所趋，无法逆转，只能尽快适应新变化、新环境，采用新措施、新变革，争取新成果、新发展，否则将被国内外巨轮撞翻，或者被狂风巨浪掀倒。我社在驶向大海的进程中应制定进度表与任务书，并严格遵照执行，通过战略规划指引，年度计划推动，目标绩效管理，实现制度转变观念，机制引导观念，事实改变观念。

2. 在出海之前，一定要配齐配足必需的人力资源，各司其职，各尽其责，满足企业发展的需要。要营造一个吸引人才的环境，从国外出版企业或国内其他企业引进人才，尤其要有意识地引进一些非我社传统优势领域的人才，优化调整我社现有的人力资源结构，使之适应市场化运作要求；要加大人才培养力度，提高业务知识能力，为其培训、进修、知识更新提供应有的条件与机会，选择一批业务骨干进行各层级培训，掌握现代出版理念和管理知识，掌握现代高新技术，打造新型复合型人才；建立科学的激励机制，引入竞争机制，促进人力资源的合理配置，做好人员优化组合，形成团队精神，做到优势互补；营造一个良好的人才成长的制度环境，加大薪酬制度改革的力度，创造有利于优秀人才脱颖而出和充分发挥才干的制度环境。

3. 密切联系重要的作者资源，协助打造优秀的精品力作。可以按我社的专业特点和出版特征，尝试有选择地与一些重要作者签约，请他们按出版社的要求创造出适合市场需求的产品，培育与建立一批专业化、职业化的作者队伍。打造教材、专著与手册工具书等多种类型的作者团队，定期举办学术沙龙活动。有意识地发展出版经纪人制，尝试与具有出版经纪人性质的文化公司合作，也可以将我社所实行的项目负责人制逐步打造成出版经纪人制。出版企业本质是生产内容,作为内容提供者,不管新型传媒载体如何变化,读者第一位关心的还是承载其中的思想、信息、技术等这些核心的要素。应加大选题创新,产品创新,打造体现出版社特色与水平的精品著作,利用新型的传媒载体,满足读者多样化、个性化的需求,激发读者购买欲望。可适当涉及非传统优势领域,积极开拓新的盈利渠道,打造新的经济增长点。

4. 数字出版、网络销售技术构成了出版企业竞争力形成和提高的关键因素,我社应对其高度重视并进行实质性推动。适应知识经济发展的需要,利用信息技术发展带来的优势,积极培育新的经济增长点。实现出版资源在多种媒体间的多元化开发,盘活存量资产、优化产业结构、扩大经济效益。运用高新技术优化产品结构,掌握多媒体技术,实现从单一纸质出版物向纸质出版物与多媒体出版物并存、互通、互补、互动的转变,打破媒体间的相互割裂,使我社拥有多种媒体,从单业为主转变为多元经营,并形成出版资源多次开发、合力经营的格局,实现多媒体互动发展的综合效应。加快推动传统出版业数字化转型,产品的升级更新、流程的优化再造以及业态与资源的改变拓展。加快数字出版发展模式创新,创新内容、创新形式和创新管理,进一步加快技术创新体系建设,增强企业研发能力、技术创新能力,尤其是核心技术研发能力。用高新技术从整体上提高企业技术装备及现代化管理水平,通过科技进步推动企业组织结构的调整,提高产品质量和劳动生产率。关注并推动按需印刷出版,满足图书细分市场需求。渠道建设除了巩固实体书店渠道以外,要提高对网络销售渠道的重视程度,加大力度拓展网络销售渠道,还要拓展到智能手机、平板电脑等手持终端渠道。

5. 我社必须以资产为纽带进行重组与并购,实现规模化经营,走联合兼并的道路。通过组建出版集团,充分利用规模经营,降低成本,提高生产要素的质量,优化资源配置,形成较强的市场竞争能力,获得最佳经济效益。集团化就是要充分利用规模经营,使出版产业的单位成本处于最低水平,提高企业的整体素质和市场竞争能力。我社下一步发展目标应为,建立符合现代企业制度的以资产为纽带而形成的利益共同体,采取规模经营的方式,最大限度地释放生产力能量,建立跨地区、跨部门、跨媒体的出版集团,做大做强、成为国际一流传媒企业。同时,在企业集团内部合理地配置资产比例,有效地实现资产合理配置,更好地抵御市场经营风险。

6. 强化内部经营管理，建立现代企业制度，走上市融资的发展道路。按照建立规范的现代企业制度的要求，进行企业的公司制改造、股份制改造和上市融资，从而运用资本的力量来发展企业。推进并发挥市场主体的作用，明晰产权，促进通过金融、资本市场的运作使得投资主体多元化，吸收包括外资和民营资本在内的广大社会资本，改变单一所有制形式，迅速扩大投资规模，加快出版产业的成长。改组以生产为中心的组织结构，重塑以获取利益为中心、以市场经济要求为准则、以现代企业标准而建立的组织结构，形成面向市场、反应灵活的出版企业内部组织结构。以市场为导向，以效益为中心，扩大编辑、营销两大功能的哑铃型组织结构。

四、结　语

我社作为出版企业中的重要一员，承载着积累知识、传承文明、提升技术的责任。虽然面临着一些发展中难以解决的问题，如地方区域利益共同体市场日益垄断的影响、盗版图书屡禁不止的现象，以及企业员工观念、人才、实力落后及高质量作者、作品的不足，但只要我社能保持清醒的认识，制定有助于快速推进出版社发展的政策，增强自主创新能力，通过创新和优化结构来提高核心竞争力，提高规模水平和经营集约化程度，实现由粗放型经济增长方式向集约型经济增长方式的根本转变，营造吸引优秀的、适应现代出版需要的真正的有理想有能力的出版人才，通过科技创新来促进传统图书出版向现代网络出版转型，吸引高水平的作者打造精品力作，就能有机会将一艘中型渔船打造成一艘动力强劲、反应迅速、前景广阔的大船，在驶向大海的进程中，实现“长风破浪会有时，直挂云帆济沧海”的共同目标。

关注行业政策　契合市场需求

——《现代道路运输业系列丛书》的策划与思考

何　亮

《现代道路运输业系列丛书》自2010年启动以来，已累计出版16种图书，生产码洋超过476万元，累计发行超过10万册。这套书改变了以往行业类选题“等”“靠”“要”的被动局面，在引导和帮助道路运输行业管理人员和从业人员适应新形势、履行新职能等方面发挥了重要作用，有效提升了行业发展的软实力，取得了良好的社会效益和经济效益。

一、策划背景

2008年3月，国务院实行大部制改革，随后，交通运输部行政管理体制改革开始全面推开。随着机构改革的推进，国家重点产业调整振兴规划的启动，成品油价格与税费改革的实施，综合运输体系建设进程的加快，道路运输管理的范围拓展，道路运输业工作职能发生了很大变化。

2010年，道路运输业正处于全面履行城市公共交通、出租汽车、物流管理、轨道交通、汽车租赁等新业务职能的关键时期，当时道路运输行业管理人员和相关从业人员亟须快速、全面、准确地了解新业务领域的发展现状及存在的问题，以统一认识、理清思路、明确发展目标和任务，以便科学地履行新职能，更好地为公众出行服务。

与此同时，国家要求建设学习型党组织与学习型机关，强调领导干部要始终站在时代发展前列，始终坚持与时俱进的精神状态，努力学习和吸收人类文明一切优秀成果，要有开阔的视野，树立世界眼光，加强战略思维，转变过时的思维方式，创新工作方法。道路运输行业新的发展形势也

要求行业管理人员和从业人员具备开阔的世界眼光、开放的时代意识和较强的把握机遇、驾驭工作的能力，这一切都需要具备深厚的知识素养与持续的学习能力。

此时，我们顺势策划了一套《现代道路运输业系列丛书》，搭建了一个开放的现代道路运输业图书出版平台，立足行业实际出版了一系列图书，帮助行业管理人员和从业人员增加专业知识储备，了解行业新知识、新成果、新进展，进一步认识现状、开阔视野、开放思维，掌握科学的工作方法和过硬的工作本领，提高决策的科学性，增强工作的实效性。

二、策划理念与丛书设计

以“普及交通知识、开阔管理视野、探究发展思路、创新决策方法”为编写理念，着眼现实需要，围绕交通运输部道路运输司重点工作，从剖析道路运输行业发展现状、普及基本管理知识、借鉴国外先进管理方法、总结国内最佳实践经验、评析典型事故案例、宣贯法规规章及标准规范、提高从业人员实操技能等需求出发设计了八套系列丛书，分别是：道路运输行业报告系列、现代道路运输管理基本知识丛书、道路运输业国外实践丛书、道路运输业国内实践丛书、典型案例评析丛书、法规规章系列、标准规范系列、实务手册丛书，明确了每套丛书的编写内容，细分了读者对象，确定了一系列书目，列出了出版路线图，设计了统一形象及封面版式方案，获得了道路运输行业管理部门的高度认可，为后续丛书的出版奠定了良好的基础。

三、组织实施经验

1. 动态调整系列丛书策划方案

结合《交通运输业“十二五”发展规划纲要》，密切关注部道路运输司工作动态，确定道路运输行业发展亟须理论支撑及智力支持的专业领域，根据实际工作需求的优先级排序，动态测评、滚动调整“现代道路运输业系列丛书策划方案”，及时增删相关图书板块及书目，优化调整实施顺序，确保方案所列书目满足行业需求。

2. 按业务管理处室对口推进相关工作

《现代道路运输业系列丛书》按照图书属性划分了八套系列丛书，但在实际出版过程中，为了方便对口联系相关业务管理部门，我们按照部道路运输司的业务处室管辖的专业领域划分了每个处室对应的具体书目。事实证明，按业务处室对口推进出版工作，对提高出版效率很有帮助。

3. 编辑全程跟进图书编写工作

编辑提前介入、全程参与图书编写工作，跟进编写进度，实时提供出版支持服务，协助作者完成编写工作。图书从编写到出版要经过很多环节，从调研座谈、查找资料、讨论提纲、召开审稿会、集中统稿、送审上报到图书生产环节，编辑都自始至终参加，以确保图书质量。

4. 做好宣传推广工作

图书出版后，综合运用各种营销手段全方位做好宣传推广工作。如借助各类行业会议发放《运管书目》与样书；在《中国交通报》、《运输经理世界》等行业报纸、期刊发表书评；为行业图书经销商设计统一的运管书架 Logo，定制并寄送统一的书架，陈设《现代道路运输业系列丛书》及其他运管类图书；为各省运管局定期寄送《运管书目》与样书，并利用出差等机会动态维护更新运管书架。

四、思考与总结

1. 关注行业发展信息

作为科技出版社的专业图书编辑，必须持续关注本行业国家层面的相关产业政策与管理政策信息、行业主管部门发布的通知、行业内学科及专业发展动态，积极参加本专业领域管理部门、学会、协会等组织的学术活动或会议，敏锐地捕捉有效信息，瞄准行业需求，结合自身出版资源优势，寻找策划灵感。

2. 主动为行业提供策划与出版服务

有了灵感以后，在对行业进行全面调研、综合分析与理性判断的基础

上,要主动为行业管理部门提供前瞻性、专业性、主动性的图书策划与出版服务,取得行业主管部门的支持。实践证明,符合行业发展需求的策划方案既可以实现社会效益和经济效益的双丰收,又可以为行业发展提供精神动力、思想指引与智力支持。《现代道路运输业系列丛书》中公共交通、出租汽车、轨道交通等方面的图书在一定时期内甚至影响了道路运输行业新业务领域的发展方向。

3. 确保图书出版质量与出版时间

行业类图书的特点是交稿时间集中,出版时间紧急,通常要求在行业各类大型会议召开前出版。因此,稿件交稿后,要集部门编辑之合力,同时借助外部专家力量审读稿件,根据出版时间倒排各环节交接时间表,提前与生产部、印务部、审读加工部及发行部沟通协调,做到选题申报、初审、复审、终审、排版、校对、付型、质检、印刷、发货各环节无缝衔接,保质保量地完成出版任务。

行业类图书的策划、出版与营销是一个系统工程,目前制约我们发展的主要瓶颈是精准化营销程度不高,图书信息无法推送到市、县一级的基层行业管理部门,今后需要在这方面花大力气,实现突破。

文化大发展背景下图书策划编辑的角色重塑

尤晓玮

【摘　要】 图书策划编辑的角色是什么？这似乎早有定论：工匠，守门人，杂家，厨师，为人作嫁衣者等等。然而，在新的文化大发展背景下，这种定位早已不再适应图书的发展。本文通过对文化大发展背景下图书策划编辑面临的机遇与挑战的思考，分析传统策划编辑与新型策划编辑的异同，提出了新型策划编辑应重塑一个全新的编辑角色，这对于新型策划编辑提升理念和提高能力具有积极的意义。

【关键词】 文化大发展；图书；策划编辑；角色；重塑

随着十七届六中全会召开，文化大发展大繁荣的新热潮正在全国兴起。“促进文化大发展大繁荣。文化是人类的精神家园，优秀文化传承是一个民族生生不息的血脉。要提供优质丰富的文化产品，不断满足人民群众的精神文化需求……推动文化产业成为国民经济支柱性产业。”温总理的政府工作报告，每一句话都说出了我们文化工作者的心声。胡锦涛总书记在“十八大”报告中指出：“建设社会主义文化强国，关键是增强全民族文化创造活力。要深化文化体制改革，解放和发展文化生产力，发扬学术民主、艺术民主，为人民提供广阔文化舞台，让一切文化创造源泉充分涌流，开创全民族文化创造活力持续迸发、社会文化生活更加丰富多彩、人民基本文化权益得到更好地保障、人民思想道德素质和科学文化素质全面提高、中华文化国际影响力不断增强的新局面。一个民族，只有文化体现出比物质和资本更强大的力量，才能造就更大的文明进步；一个国家，只有经济发展体现出文化的品格，才能进入更高的发展阶段。”

在当代社会，文化的重要性越来越凸显。文化是一个民族在全球化

进程中的名片、身份证和识别码，是一个民族的灵魂和血脉，是一个民族的集体记忆和精神家园。图书策划编辑工作是一项特殊而复杂的系统工程，而图书策划编辑就是这项系统工程中的高智力劳动者，在我国现代文化建设事业中占有十分重要的角色地位。作为图书出版企业的策划编辑，在这样的大背景下，要想做好策划编辑工作，必须转变观念，提高自身职业特殊性的基本认识和自觉意识，重塑好策划编辑的角色，才能适应新时期文化大发展大繁荣的客观需要。

[壹] 从“等米下锅”到“找米下锅”

传统的策划编辑角色应是生产者，但现代新型的策划编辑内涵已不同于以往。过去策划编辑较多是被动生产，现在新型策划编辑则应当是主动生产。过去策划编辑较多是“等米下锅”，对自然来稿进行编辑、审阅、把关、综合、重组、提升；新型策划编辑较多是“找米下锅”，主动策划选题、设计产品，积极组稿编稿、组织生产和经营。过去策划编辑较多面对单一纸媒介，新型策划编辑除面对纸媒介外，还要面对各种数字等多种媒介，科技含量比以前更多、更高。

新型策划编辑一方面要全面“吃透作品”，要从图书的文化属性来研究书稿、把握书稿，要从知识、文化、导向的角度来分析把握作品、加工整理作品，提高作品的文化含量。另一方面，新型策划编辑要不断“打磨作品”，要有的放矢，指向明确，设计出符合读者和市场需求的“既叫好又叫座”的图书产品，包括策划选题、组织书稿、提炼加工、设计包装等，把图书的文化价值、商业价值充分展现出来、凸显出来。比如提出富有创意的图书选题，组织得力的作者完成书稿；比如整体设计图书，包括对整个流程中各种细节的把握，以提高图书的综合品质和核心竞争力；比如纸质产品与数字产品的先后(同时)开发与挖掘，或者相互借势、借力、促进、发展。

[贰] 从“沙里淘金者”到“金饰设计师”

练就一双“火眼金睛”，从海量的信息中筛选出有价值的选题，是图书策划编辑的基本功。但策划编辑仅仅能筛选出有价值的选题已经远远不能适应新形势的要求，他必须还要有能力把这个选题增值做大，把“小芝麻”变成“大西瓜”。换句话说，新型策划编辑不仅要从沙里筛选出金子，还必须把金子设计、加工成精美昂贵的饰品，并且要卖出去。要把图书的文化属性与商业属性紧密结合起来，并发挥到极致。这是新型策划编辑要充当的新角色，也是新形势下编辑的重要角色。

对于新型策划编辑来说，信息是选题之源，是保证图书出版物达到精品标准的前提。因此，新型图书策划编辑必须具备很强的信息捕捉能力，因为这种能力是进行选题策划活动的基础。新型策划编辑可以通过多种途径获得相关信息，如通过各种文件资料、电视、广播、报纸、期刊以及网络等多种媒体获取方针政策方面的信息；通过各类相关行业的新闻报道、分析调查报告、销售数据、问卷调查息，以及通过参加各种会议与专家、学者的交流等获取有价值的专业信息；还可以通过与作者、同事、朋友的交流交谈，通过对图书市场的调查分析等获取图书行业信息，等等。

[叁] 从"一专多能"到"全能专家"

出版是人类文明的加速器，是人类文化的传播者。出版的本质在于传播文化、传递思想、造福人类。从前的"铅与火""光与电"的变革曾经是新闻出版发展的里程碑，当今的数字技术又让新闻出版的质量和效率实现了新的飞跃。数字出版与以往的媒介形态最大的不同之处在于它是一种涵盖了多种媒体形式的出版方式，数字内容可以纸质呈现，可以在线阅读，也可以用其他的电子终端阅读，为受众提供及时、同步、全方位立体化的视听读信息，是人类现在掌握的信息流手段的集成者。它能够极大地降低出版的社会总成本，极大地解放内容生产力。毫无疑问，出版业的数字化生存已是大势所趋，数字出版必将成为未来出版业的主导方式。

对于策划编辑而言，数字出版时代最大的变化莫过于选题策划对象概念的大幅度延伸，由单纯的纸质图书扩大到了包含图书、光盘、互联网、移动手持设备等多种介质在内的全媒体出版物。这对选题策划编辑的知识结构和知识广度提出了更为严格的要求，同时需要具备更为全面的策划意识。传统策划编辑通常需具备两方面的知识和能力：所策划图书领域内的专业知识及图书编辑出版知识和能力，而数字出版对策划编辑提出了第三方面的要求：熟练掌握数字多媒体开发和应用技术。要培养既具备专业知识，又懂出版，同时还精通数字技术的复合型人才，要在实践中不断摸索、学习和总结经验。策划编辑从"一专多能"到"全能专家"转换，这是现代出版在数字化时代应对各种挑战的必然趋势。

[肆] 从“普通编辑”到“新式管家”

“管家”起源在于法国，现代“新式管家”的职业理念和职责范围有了严格的规范，有了严格的行业标准。作为新型图书策划编辑，要具备良好的组织管理能力，深邃的洞察力，帮助管理层出谋划策，应该成为单位的“新式管家”。

从出版管理方面来看，图书策划出版工作是一个系统工程，要使这个系统高效、高质运行，编辑就必须掌握先进的经营管理理念及较强的出版管理技能，熟知图书出版国情和出版业务知识，提出图书未来发展切实可行的计划，然后通过有效的组织管理实现目标，最后高效、保质、保量地完成出版任务。从对自我发展的管理方面来看，由“普通编辑”到“新式管家”是编辑职业生涯的突破，对编辑自身发展的现实具有重要意义，才能更好地承担和履行社会责任。

综上所述，在文化大发展的背景下，新型图书策划编辑与传统策划编辑角色定位既有相同的地方，又有很多不一样的地方。作为编辑活动和经营活动的主体，策划编辑在图书出版的全过程中起着穿针引线、承上启下的重要作用，策划编辑职业能力的强弱与图书质量和单位发展息息相关，策划编辑角色的合理定位与重塑，也决定其在职场竞争中不被“大浪淘沙”，才能更好地为广大读者服务。

市场条件下交通领域数字出版的战术思考

丁润铎

“战争”离我们已经不远了?! 可能是。

把数字出版市场的竞争用战争来比喻,目前来看可能危言耸听,但长远来看(多远? 没法预测)可能会“战事细无声”。战事会涉及传统 n_1 家出版机构(出版社、民营书商、IT 企业、其他传媒公司),n_2 家电信运营商,n_3 家硬件制造商等相关方,关系复杂将远超“交战双方、海陆空立体交战”的概念。如果用“竞争正酣、暗流涌动的局面混溶”来形容目前的情况,那么竞争者就是上述的未来交战方(n_1、n_2、n_3)。

对于该问题,把话说的重一些,只不过就是想让大家对此的重视程度提高一些。简单想一想,市场的竞争无非就是关于一场游戏的对抗。我们正要和他们玩游戏。“玩游戏”之前要先“做游戏”,“做游戏”之前要先了解“游戏规则”,了解“游戏规则”要先知道“游戏是什么”。此外,我们还要明确,一个重要的问题就是“取什么样的游戏态度”,这才是“玩游戏”的基础。

“态度决定一切”,米卢老先生的名言。惭愧,他居然是外国佬。

数字出版在我国也不再是新鲜事物,但就我社编辑而言这还是个新游戏;具体到“我”,按照倒推的游戏步骤,我还停留在初级阶段或还谈不上阶段。那有人会说,现在讨论题目有重大问题,好比是“幼儿园小朋友在谈国家大事”。我想解释的是,“我”还没拿定主意取什么态度。就我社而言,数字出版早已列入出版规划并提出了明确目标。路线图、时间表都很明确与具体。目前,全社上下对抱着“坚定信念、毫不动摇”态度向数字出版进军,已达成共识,并形成气氛,形成一定氛围。但“我”还有顾虑,不敢大步前进。游戏失败了,怎么办? 游戏有输有赢。考虑到游戏是

"初探、试探"。游戏允许失败！这样的宽松环境在1~2年内是需要的。

数字出版竞争与战争，是基于数字出版物这一产品的利益瓜分与争夺。瓜分=竞争，战争=争夺。争夺是瓜分的高级形式。当市场瓜分完毕，若一方想扩大利润，要么另辟市场，开辟蓝海，重新竞争；要么争夺另一方的市场份额，直接厮杀，进入战争的红海。市场竞争或战争下，各方实力有强有弱。我们在进入市场之前，若自我评价的话，预计是强者还是弱者？依我拙见，强弱状态是动态看的：在竞争阶段进入，弱者经过努力有变成强者的机会，强者则更强；在战争阶段进入，强者同样存在变弱者的危险，弱者则更弱。所以进入时机相当重要。

数字出版总体上还处于瓜分的现状，大部分领域市场处于竞争阶段。我们社现在决定进入是明智的。依据自身优势，利用部分精力迅速占领交通的山头是正确的方向。拿什么武器来占领，占领的范围要多大。这些都是要明确的问题。武器和范围通过游戏规则相对应。先进的武器通过合理的规则可以放心地、大面积地去占领；反之则不然。

若范围是市场的话，武器就是数字出版物。新闻出版署对数字出版有详细的描述。数字出版是指利用数字技术进行内容编辑加工，并通过网络传播数字内容产品的一种新型出版方式，其主要特征为内容生产数字化、管理过程数字化、产品形态数字化和传播渠道网络化。目前数字出版产品形态主要包括电子图书、数字报纸、数字期刊、网络原创文学、网络教育出版物、网络地图、数字音乐、网络动漫、网络游戏、数据库出版物、手机出版物（彩信、彩铃、手机报纸、手机期刊、手机小说、手机游戏）等。数字出版产品的传播途径主要包括有线互联网、无线通讯网和卫星网络等。

看问题要看本质。对于复杂的问题终极目标就是要简单理解。简单地讲，数字出版物的本质特征就是不依靠纸张传播。也就是说，凡可以不用印成书的信息，都可作为数字出版的对象。这样理解，思路就不会受到烦琐定义的局限。

至此，态度与概念都明确了，按照道理该到探讨游戏规则的时候了。但游戏规则与占领范围密切相关。在数字出版上，游戏规则就是盈利模式。目前的情况是围绕数字出版，竞争者在不同专业领域都在寻求合理的盈利模式，进度有所不同，竞争程度也有所不同。图1可把竞争总体状况形象化。

不同山头代表不同领域。对同一领域最好的盈利模式相近。

图1中最大的山头就是大众类图书领域，山头大，但要来瓜分的人

多。一部分竞争者已经了解了游戏规则占据有利山头,玩起了游戏;有的正在了解准备做游戏,还有一批在计划了解;局部在同一游戏规则下已经进入交战状态。

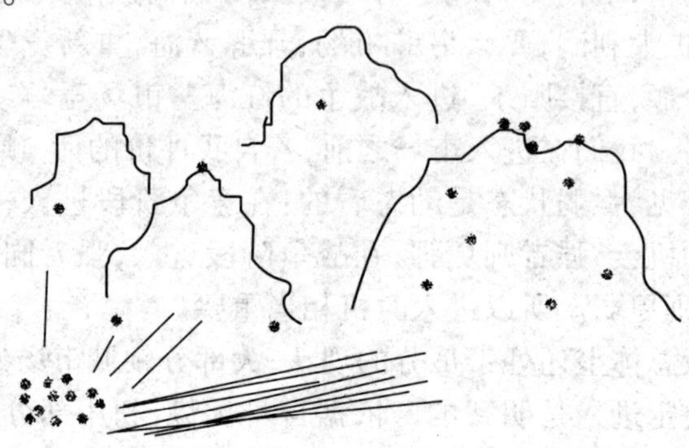

图1　游戏山头分布图

其他山头代表不同的专业领域,状况虽各不相同,但与最大的山头目前阶段有本质区别。我们的交通领域山头是哪座,属于是哪种情况,应该有清醒的认识。由于本人掌握信息少判断准确有困难,大致认为,我们面对的状况初步属于左侧这样的小山头。

左侧小山头很少人问津,根本没有建立游戏规则,或者建得很薄弱。也就是说,交通数字出版领域还没有进入实质性竞争阶段。但我们应该看到,山下有竞争者在选择竞争的山头,可能有强的竞争者来瓜分。这种情况下,需要改变之前所述倒推的游戏步骤。我们下一步所面临的不是怎么了解游戏规则、做游戏、玩游戏,而是要担负建立交通数字出版游戏规则的任务。所以战术思想要发生转变,变有效进攻战术为积极防御战术。

此时,有前面提到的两种局面需要考虑。游戏规则建立得好,用先进的武器可以占领的范围大一些,而不必担心竞争者来犯;游戏规则建立得不好,再先进的武器也只能保住一点小的范围。

游戏规则好与不好,需要有量化指标进行评价。理想的规则,我想就是:该规则不能过超前于交通行业者的图书行为习惯;在该规则下,外部竞争者没有优势跟进;具有后续易变的灵活性、持续性。

占领范围的大与小,也就是市场大小的取舍,值得慎重对待。因为市场大小,决定进入的力度与广度。其所依据的是我们对游戏规则(盈利模式)本身及其收效的正确评价。

思考了这么多,究竟怎样做,好像没有讲。因为以上所述问题有些还存在争议,具体的盈利模式及产品形式仍需进一步深入讨论与思考。在2011年部室的规划会上,我独立思考,谨慎提出了在线交通图书超市阅读与图书馆阅读方案,部分与同期google提出的云书店与云阅读概念、理念不谋而合。

此外,需要指出的是,市场需要培育。培育就需要投入。谁来为培育埋单、埋多少合适,同样也是问题。在进军数字出版的路上,我们需谨慎奋进,反复实践与反复思考为主要途径。愿我本人仅有的一点粗浅思考能为此起到小小的作用。欢迎大家共同交流,批评指正。

浅谈当前出版工作中存在的问题、困难以及我们应作的转变

陈志敏

审视过往经历以及出版社十余年的发展历程，我们有成功的欣喜，更有错失良机的懊恼，也有失败的痛苦和不足，反思、梳理以为未来发展鉴，应为有益。而当下作为出版人，我们又面临诸多的质疑、困惑、问题和困难，更需要深思以图谋解决之道。因此，本人希望能从一线编辑出版工作的视角，理清当前我们存在的问题和困难，做必要转变，进而谋求未来更好的发展。

一、加强出版发展的掌控力，变被动发展为主动发展

过去的十余年，是出版社发展的“黄金十年”。纵观这十几年，交通运输行业及至大土木工程行业从二十世纪九十年代末开始大发展至今，技术领域已日臻成熟，尽管某些细分领域仍在发展，而大多数领域已呈高位下行；而出版领域则先随着计划变市场、行业大发展、教育大发展持续迅猛发展，然后在当下又随着行业的日趋成熟与下行呈现下行趋势，同时又面临信息化时代数字出版的转型挑战。

总结出版社过去十几年的发展，个人认为是“自然发展”的十年，是“被动发展”的十年。依托交通行业发展，我们有了总体规模的大增长、有了公路类图书的发展，也有安驾这一巨型项目；但对交通领域的依赖以及主动发展不足，我们错失了高校扩招与教育改革、职业教育大发展、从计划向市场转变等重大机会，以及几个领域图书的拓展失败或擦肩而过的遗憾。很显然，这些都是自然发展的必然结果，自然发展显然不是出版

企业最优的发展路径。

那么有一个问题需要我们深思,在行业高位下行的当下,作为出版商我们也要“随波逐流而下”吗?很显然不是——我们要继续生存和发展,我们要谋求交通社的大发展。

因此,我们要变被动发展为主动发展,加强出版发展的掌控力,更加有目的的应对行业变化和各种出版机会,制定更具发展性和前瞻性的出版战略、拓展战略及实施策略,实现出版范畴的多元化,规避各类行业变化带来的下滑风险,保持发展的稳定性和可持续性。冶金社、地质社、煤炭社,是我们的前车之鉴;机工社、武汉理工社,则是我们学习的榜样。

二、调整出版发展的姿态,变“内收”为“扩张”

总的感觉,近几年我社在出版领域发展和选题策划上,越来越呈“内收”姿态——内收于内部经验,集中于交通运输;原因也很简单,做交通运输类图书效率最高,利益最大,依托内部经验风险最小,当然这也同我社“立足交通,服务交通,服务社会”的总体战略相关。这种“内收”姿态,致使低层次产品策划与内部冲突越来越多,发展效率降低;外向型拓展不足,错失发展机会,出版发展失去可持续的动力,在出版社互为攻取间不进则退,行业下滑带来的风险增大。

个人认为,我们应该保持前倾的奔跑的扩张的姿态,分工协作,主动出击,抓住机会全力拓展相关及非交通领域,做“大工程科技图书出版”,做“大教育出版”,以开阔的视野、更先进的选题开发理念、更多的走出去参与国内市场竞争,建立多姿多彩的出版格局。这样也才能变被动发展为主动发展,我们才能发展得更好,对此出版社也要有相应的制度性安排。

三、过于利益导向的出版价值观带来的恶果

比如“花钱出书”,倒也成为行内共识了,但出版人的铜臭和功利已经被冷嘲热讽了——“有钱就能出书,无论什么书;没钱出不了书,无论什么好书”,尽管有些夸张,但利益导向使我们出版了大量的垃圾图书,严重削弱了我们的名声,而同时又使真正的学术著作出版受到扼杀,更别谈我们主动约稿组织学术出版了,这是其一;还有,“用户绑架了出版”,花钱

出书是一种情况，而在教材出版中，“我们有用量，所以要出书”同样如此，这些都背离了出版的价值，也自降了我们的身价和地位，我们只能如此吗？我们难道不能以高水平的出版功力获得尊重和认同吗？难道不能是“你们找我们合作”而不是“我们求你们在这出版”吗！

强烈的关注包销补贴书，致使短期利益明显，综合效益不足；主动策划不足，编辑能力下降；拓展动力不足，低水平重复出版严重；优秀图书不足，出版声誉下滑等一系列恶果。

再一个感受是出版社的地位在逐年下降，出版人越来越得不到尊重，反思下来还是行内“自己堕了自己的名头”，低水平激烈竞争甚至恶意竞争，同质化严重，出版社能为作者以及为行业提供的价值提升越来越少，世俗并且功利，借用一些作者的话说：出版社的作用好像没什么了，在哪里出版都一样，或者说，你们也不过如此；大家的疑问是：你们好在哪里？难道只是出版规模和出版数量的领先吗？难道只是政府背景的光环吗？我们凭什么要和你合作？等等，发人深思和反省。

更让我们的长远发展受到影响的是我们的品牌优势和影响在不断被削弱和下降，不断弱化的优秀作者对我们的认同以及我们组织策划的优秀作品越来越少，将使我们慢慢失去我们的领先地位。

还有更要命的，读者们会说：你们出的书不少，可值得一读的好书没几本，都一个样；这说明什么，说明我们的图书出版品质堪忧，出版是要为行业发展和技术进步起到传播和推动作用的，而我们这样的高水平著作是越来越多还是越来越少呢？我们又主动做了多少工作呢？

四、修正我们的价值观

出版社也是企业，尽管有其特殊性，但在根本规律上无异，既要追求利润，又要承担社会责任；既要考虑当前经营状况，又要做好品牌建设谋求长远发展。就出版而言，就是出版满足读者需要的优秀作品，进而推动行业发展，且多多益善，这是我们工作的价值所在。仔细想来，如果作者或读者对我们产生了不满，那么就说明我们的工作扭曲或偏离了我们的价值，我们该审慎对待了。有几点看法，与诸位共享：

首先，作为出版人，我们要树立正确的出版价值观，即以市场需求（读者需要）为核心，策划、组织、出版优秀适用的作品，我们要挖掘、提高作者及其作品的价值以体现我们的价值，我们要为行业发展创造并提供价值。

其次,就整体而言,至少我们应“适度调整利益导向,加强价值导向”,重塑编辑的出版价值观,以价值引领出版事业的发展。比如编辑要坚定的以市场需求为主线开展选题策划工作,以内容价值为核心综合评价图书选题而不是以“要钱”为第一要务;比如我们要投入一定的资源加强学术出版,要投入力量组织出版适用的技术类图书,从而为行业人员提供优质的服务。简单的以赚钱为目的的出版工作目的是我们要摒弃的。有价值才有长盛不衰的品牌、影响力、市场和效益。

因此“花钱出书”需要审慎对待,不能太过,也不应成为我们的主流,同时要加强学术著作和优秀技术图书的主动策划,提升我们的价值,树立我们的出版声誉。必要时,要有所舍弃。

五、加强编辑能力建设,提升出版工作水平

人是根本,出版社的发展离不开人才队伍建设。

加强我们自身的能力建设极为重要,优秀的作品来源于优秀的作者,但离不开优秀编辑的策划。比如,对市场和行业的深入研究,对教育改革的前沿把握,对行业发展的准确预测,对专业技术的清晰了解,等等,以此为基础所做出的选题策划方案和出版工作,必将做出优秀的作品,也必将受到作者的追捧。

我们应该加强编辑团队的产品开发能力与综合能力建设,通过各类各层次培训、专题研究、社层面项目开发、主题活动及相应制度设计,提高其选题策划、项目开发、资源建设、板块经营、市场开拓等产品开发能力,以及成本控制能力、经营与管理能力、营销能力、沟通能力、创新能力等综合工作能力,培养优秀编辑人才,增强我社核心竞争力。

我们应该推进全社编辑出版业务研究,通过专家讲座、定期培训与讨论、专题研究,甚至组织编辑学研究小组、组织参加编辑学术会议、制定编辑业务规范等各种方式,全面提高编辑工作的业务水平,培养编辑学人才,建设我社编辑出版工作的基础性能力。

同时,研究、改进、优化、创新图书生产与质量管理体系,推进新时期文稿生产与管理模式的创新与改进,加强文稿生产能力及队伍建设,建设功能强大的印务能力,分工细化,职责明确,为编辑部门工作提供强大的生产保障,进而推进重中之重选题工作的优化与高效;注重以编辑队伍建设和机制建设为主解决生产中存在的问题,建设与我社发展状态、经营管

理模式相适应的生产与质量管理体系；协调好纸质出版与数字出版、产品开发与生产、出版与营销、出版与经营、教材拓展与推广、项目开发与部门协作之间的良好关系，营造良好的内部出版环境与高效的运作机制。

就我看来，除了总体出版价值导向的影响，关键的就是编辑能力了，能不能以优秀的选题策划能力出版优秀的图书，是扭转我们被动局面的关键。

六、加强出版前沿研究，抓机会谋发展

选题出版工作中，“机会”最重要。

我们应该进行各出版领域的综合研究，为全社出版发展提供决策支持，推进制订出版战略与发展规划，推动重大出版项目的实施，建立与我社发展战略相适应的规划先导、协调发展、积极主动、效能更高的产品开发与出版发展机制，进而为全社的总体发展提供基础性支撑。

我们需要各部门配合着重进行教育出版研究，为我社教育出版业务的开展提供决策支持，制定教育出版战略与策略，编制教育出版发展规划，推动重大教育出版项目的实施，同时加强教育出版能力建设，确保较高的、领先的教育类产品开发水平，进而推动我社教育出版的增长与发展。

我们需要各部门配合着重进行数字出版研究，为全社数字出版业务开展提供决策支持；以市场调研和市场需求为基础，探索可预期的各类数字产品的尝试性开发与销售，推进数字出版示范项目，在获得成功的经验甚至预期后全力推进，进而大力推进我社数字出版业务，助推我社顺利实现出版转型。

我们更需要研究、跟踪国内、国际出版行业前沿动态，建立我社的大出版视野、全国性视野以至国际性视野，以助推我社出版工作的有序发展。

以上六个方面，如果能够得到很好的解决，当前我们面临的问题和困难，将全部破题。解决了这些问题，我们将重新赢得作者的信赖、尊重和读者的欢迎，我们将会以更有力的步伐前进。

新媒体营销

刘建荣

新媒体技术的应用和新媒体对媒介市场的争夺改变了传统的媒介生态,特别是进入21世纪后,媒体营销的策略发生了根本性的变革:不同于传统媒体追求的"覆盖量,新媒体营销借助于新媒体受众广泛且深入的信息发布,让受众卷入具体的营销活动中。"本文主要从新媒体的定义、新媒体对传统营销理念的影响、新媒体的营销特点及模式进行了探索与思考。

一、新媒体定义

新媒体定义是对新媒体的概念总结,关于什么是新媒体,什么媒体是新媒体,众说纷纭。广义的新媒体是指形成于"第二次世界大战"以后,依托于数字化、网络化信息处理技术和通信网络的新型信息媒介的总称。狭义而言,新媒体是指形成于二战以后,依托于数字化、网络化、平民化信息处理技术和通信网络,由专业信息网络机构主导,以各种数字化信息处理终端为输出装置,通过向大量用户大规模提供交互式信息和娱乐服务以获取经济利益的各种新型传媒形态的总称。上海东方宽频总经理张大钟对新媒体的定义是,新媒体(New Media)是一个宽泛的概念,是利用数字技术、网络技术,通过互联网、宽带局域网、无线通信网、卫星等渠道,以及电脑、手机、数字电视机等终端,向用户提供信息和娱乐服务的传播形态。新媒体是信息科技和媒体产品服务的紧密结合,是媒体传播市场发展的趋势和必然方向。无论是广义、狭义还是其他定义,我们可以理解为新媒体是新的技术支撑体系下出现的媒体形态,如数字杂志、数字报纸、数字广播、手机短信、移动电视、网络、桌面视窗、数字电视、数字电影、触摸媒体等。相对于报刊、户外、广播、电视四大传统意义上的媒体，新媒体被形象地称为“第五媒体”。

新媒体自出现以来，以其形式丰富、互动性强、渠道广泛、覆盖率高、精准到达、性价比高、推广方便等特点在现代传媒产业中占据越来越重要的位置。预计未来几年，中国新媒体产业的总体市场规模将保持快速的增长，市场的平均增速超过35%。新兴的新媒体如微信公众平台，2012年之后发展势头强劲，28w.org等一批微信导航网站发展势头良好。不可否认，我们现在已经进入新媒体时代。在这个数字化的时代，我们应该考虑如何与时俱进，利用好资源为企业、工作服务。要用好新媒体，我们需要分析一下新媒体时代的营销环境。

二、新媒体对传统营销理念的影响

新媒体技术的发展对媒体的改变是基因性的、革命性的。从媒体发生和发展的过程中，我们可以看到新媒体是伴随着媒体发生和发展在不断变化的。新媒体最大的特点是强调分享与互动。于是我们看到：手机从简单的通信工具变成了移动智能终端，互联网从单纯的阅读浏览器变成了高智能的互动平台，电视从模拟时代走向了数字化时代。

随着新媒体的到来，传统的营销理念也得以革新。传统的营销理念更多的是停留在追求覆盖量（或者称到达率，Reach），在报纸杂志上就是发行量，在电视广播上就是收视（听）率，在网站上，便是访问量。将广告或者公关文章加载到覆盖量高的媒体上，便可以达到较多的注意。这个模式称之为：登高一呼式的传播模型。这种传播方式本质上属于宣传模式（propaganda），基本上传播路径是单向的。缺点很明显：很难探测受众看到广告后有何反应。一方面，广告代理公司递交了厚厚的媒体覆盖量报告的数字以证明这个广告被很多人看到，一方面商业公司用短期内的销量是否提升来决定这个广告是否达到了目的。但平心而论，一场营销行为和短期销量之间究竟有何关系，至今并没有答案。

新媒体时代，商品、品牌和人们的文化认同、精神情感等要素的契合至关重要。要达到文化认同，喻国明教授认为要有三个操作点：一是要数字化。因为只有数字化的形态才能够以无界的方式进入人们的生活方式之中，并提供互动，提供广度和参与度；二是要嵌入生活、嵌入圈子，实现

对“碎片化”的消费形态的重新聚合。即是要找出某一群人共同喜欢、同类化的东西,进而将这些特质与相关的营销活动链接在一起,套住人;三是内容,内容必须要跟目标受众相关,只有人们有兴趣的,他们才会参与,因此内容契合度的构建非常重要。由此可见,消费者对产品信息接收的习惯已经改变,我们的营销方式也需要改变。新技术改变了一部分人的沟通方式、工作方式和生活方式。过去的营销更多的是硬性的推广,单向行动,新媒体营销则是融于消费者的互动活动中,存在于消费者的口碑中。

三、新媒体的营销特点

1. 让消费者自主选择,并有效互动

2300 年前的秦国都城,一个年轻人将三丈之木从南门扛到北门后,拿到了包括他自己在内的所有人事先都不会相信的五十金奖赏。2300多年过去了,尽管历史已经随风远去,但徙木立信的典故流传至今。在这个典故的身后,是严明法令让秦国大治,而徙木立信则成为了秦国法令赏罚分明最好的营销案例。诚如当年的秦国,让其国人参与到新法的“营销”过程中一样,如今的营销人员也应该掌握消费者的主动权,让消费者来营销你的商品。

在新媒体之前,过去的营销方式是硬性推广,而新媒体营销则不同,新媒体使得与消费者沟通的互动性增强,有利于取得更有效的传播效果。企业要做的就是让目标用户参与,让品牌融于消费者的互动活动当中,融于口碑当中,形成另一种传播源,不断向下扩散,营销将事半功倍。相反,如果让消费者置身事外,他们将永远无法体味个中滋味,更无法成为营销的“病毒载体”。

在网络时代,泛滥的信息让人们的决策成本空前提高,简单的信息告知传播,显然已经无法满足企业的营销期望。因此,让用户成为你营销计划中的一部分,变成营销的“病毒载体”,一并来完成企业的营销拼图,就成了每个企业都望穿秋水的期待。通过它,企业能够与受众实现更多的互动,也可以收集到更多的反馈信息。新媒体营销让消费者占据了主导的地位,在这个崇尚体验、参与和个性化的时代,消费者的个性化需求更容易得到满足。

2. 有效降低营销成本

新媒体不仅使企业宣传品牌的方式多元化，而且有效降低了营销成本。比如过去很多企业以为花很多钱建一个官方网站，定期或不定期发布一下企业动态和产品信息，不停地建新网站和推广，但效果往往并不理想。而新媒体提供了更多免费的开放平台，并具资源共享。比如在开心网建立官方账户，在豆瓣网建立兴趣小组，在天涯网建立品牌空间，在新浪微博建立官方微博，在百度百科建立品牌词条，在 QQ 上建立粉丝群，在自己的官方网站上建立互动有奖游戏。基本上这些都是免费的。

新媒体不仅提升低成本的平台，而且提供了低成本的传播。很多品牌的信息，在传统媒体时代，要花巨资去推广，而在新媒体时代，只要你的内容有创意，网民觉得有趣或有价值，就会帮你免费传播。比如某一信息，从信息源到 N 个张三到 N 个李四到 N 个王五到 N 个赵六，这根链条，理论上可以无限延长，并且理论上可以呈现出倍数的病毒式传播效应。而且，最重要的是，成本消耗在从信息源到 N 个张三上，之后的传播链，可以让用户们自行完成。

多对多形式的“对话”所造成的 N 级传播，也是传统媒体的一级或者两级传播所相形见绌的。一个不争的事实是，有些事情，在社会化媒体的推波助澜下，传播的速度令人惊讶，几乎达到了一夜之间传遍天下的地步。这种成本低但见效不错的传播模式，在当前受到金融危机影响大部分企业预算普遍收缩的背景下，尤其弥足珍贵。

3. 提升了广告的创意空间

新媒体的发展使病毒营销、社区营销、数据库营销、反向沟通、互动体验、口碑传播、精准营销、焦点渗透、事件营销等各种新的广告形式和营销方法不断出现。在社会化营销中，创意就是我们的弹药，新媒体营销就会发挥出强大的力量。创意可遇不可求，但是一旦拥有了创意，并通过用户的参与，其整个营销的效果就有极大提升。

如果说营销是一杆火枪，那么只有平台而没有创意的广告，就好比只有瞄准镜，而没有弹药，仍然是毫无火力而言。而新媒体不断拓展新的营销传播方式和手段，正将弥补传统媒体创意枯竭的问题。通过新媒体这个载体，将更多创造性的元素融入整合营销传播当中，对于企业战略转型

和整合营销传播的完善和发展都具有关键意义。而创意经济自身蕴涵着巨大的能量,创意元素成为当今企业和产品竞争中最为重要的一环。

4. 能让用户帮你创造产品、互利共赢

新媒体能引导用户创造产品,并分享利润。苹果公司的 Appstore 就是个典型的例子。苹果公司允许用户上传自己编写的应用程序,并由平台来统一进行销售和下载。每成功出售一次,作者便会得到一定比例的分成。于是,苹果公司和应用程序作者实现了让人难以想象的共赢。短短几年光景,Appstore 中经过认证的应用程序就接近 20 万,总下载次数超过 15 亿次,其中,收费的应用程序平均价格约为 2.85 美元。正是凭借着 Appstore 中大量的应用程序和作者们自发的推广,苹果出售终端 iPhone 和 iTouch 才赚得钵满盆满。

让用户创造内容或产品,企业提供销售平台,与用户共同分享利润,在保证了产品的多元化和创造力的同时,也拥有了大量忠实、可靠的宣传者。他们热情而希望旁人认可,更加希望能够把自己的作品向全世界公开,于是,能够展示其作品的平台或终端会备受他们推崇,口口相传之下,企业成了最大的受惠者。因为,每一个人都渴望得到别人的认可,所以,再没有比传播自己的内容还要有驱动力的方式了。新媒体能让用户在参与过程中,将一成不变的产品信息打上自己的烙印,进而再次传递,这样的效果更佳。更进一步讲,如果企业在传递过程中,因为用户的参与而获利,并慷慨地与该参与的用户来分享利润,那么这种共赢的模式,将会进一步提高营销的效果。

四、新媒体的营销模式

新媒体的营销借助于新媒体中的受众广泛且深入的信息发布,达到让他们卷入具体的营销活动中。比如说,利用博客所完成的话题讨论:请博客作者们就某一个话题展开讨论,从而扩大商业公司想要推广的主题或品牌的影响范围。新媒体营销是基于特定产品的概念诉求与问题分析,对消费者进行针对性心理引导的一种营销模式,从本质上来说,它是企业软性渗透的商业策略在新媒体形式上的实现,通常借助媒体表达与舆论传播使消费者认同某种概念、观点和分析思路,从而达到企业品牌宣传、产品销售的目的。目前的营销模式主要有以下几种。

1. 虚拟体验营销

当今时代,消费者需要的不再只是简单的产品和服务,而是人类感官可以感觉到、触摸到的体验,也是可以改变他们情感、态度和生活的体验。美国营销专家罗比内特认为:“体验是公司和客户交流感官刺激、信息和情感的要点的集合。”体验营销,是指生产者以服务为舞台,以商品为道具,为消费者创造出难忘的感受与体验。如今的网络媒体,是一个虚拟的开放的体验空间。在这种虚拟的现实系统中,参与者完全投入一个虚拟的世界,间接体验比直接体验更有吸引力。

2011 年 5 月 10 日全国高校实名制网络传递大运会火炬活动正式启动,借用互联网的力量,产生了上千万的火炬手和拉拉队员,开幕前,参与火炬网络传递的人数已突破 1000 万。该传递由“腾讯朋友”平台开发出“深圳大运会虚拟火炬手网上报名系统”,采集网友的有关信息,生成虚拟传递数据库。参加活动的火炬手要遵循设定的规则,在“腾讯朋友”中以真实身份和显示生活的同学、校友、同事或同行进行交流,分享生活工作的体会,深入互动网络虚拟火炬传递的体验与感受。相比传统的火炬传递,网络虚拟传递互动性更强、更有趣味性也更简约。

2. 植入营销

在现今的媒介环境下,消费者具有高度的媒体素养和反营销能力,他们很容易对一些营销宣传产生心理惰性与反感,但客观上又承认它的影响,总体上对宣传广告的信任度越来越低。在广告效益递减的情况下,植入式广告和营销的趋势越来越显著,且被市场证明有较高回报。目前,很多企业在影视剧中全方位实践植入式广告,将品牌巧妙地贯穿于整个故事当中,通过故事情节演绎品牌个性与内涵。可以说植入营销收到了业界的广泛肯定,但要注意把握好度。

3. 精准营销

精准营销(Precision marketing)就是在精准定位的基础上,依托现代信息技术手段建立个性化的顾客沟通服务体系,实现企业可度量的低成本发展。它有三个层面的含义:①精准的营销思想,营销的终极追求就是无营销的营销,到达终极思想的过度就是逐步精准;②实施精准的体系保证和手段,而这种手段是可衡量的;③达到低成本可持续发展的企业目

标。早在1990年,未来学家托夫勒就敏锐地提出了一个问题:一旦大众社会开始进入“分众”时代怎么办?“分众化的结构是人们的需求和政治要求都朝多样化发展。企业的行销研究也一再指出市场已越来越细微化。所谓微市场“产生”,表示生活方式越来越不同。市场细分的最小分割单位就是个人,体现在营销上就是一对一的精准营销,其优势在于可以更好地理解消费者的需求并提供有针对的服务。精准营销需要建立一个及时反应的数据库,可以识别客户、区分客户、与客户互动,实现客户的个性化体验。

五、结　语

新媒体时代已经来临,并对我们的工作和生活带来了很大的影响。3月22日,由原国家新闻出版总署和原国家广播电影电视总局合并而成的国家新闻出版广电总局正式挂牌。这次以主管部门调整为契机,整合传统新闻出版、广播电影电视、互联网及手机等新媒体的内容资源和传播渠道,真正有效地打通产业链。预示着大传媒时代的来临。因此,出版社如何适应新媒体时代的发展,迎接大传媒时代的到来,如何运用新媒介及营销模式实现传统出版的创新与发展,值得我们深思。

浅谈转企改制后出版企业财务管理的发展趋势

王志浩

随着经济体制的日益完善与改革的不断深化，出版行业也进行了一系列的改革，截止到2010年底，全国包括地方出版社、高校出版社、中央各部门各单位所有经营性出版社已全部完成转企改革，在中共中央十八大的报告中，重申了十七届六中全会通过的《中共中央关于深化文化体制改革推动社会主义文化大发展大繁荣若干重大问题的决定》，进一步明确了该决定的目标任务，对文化产业发展给予了高度重视，并为文化产业的发展提供了政策保障，我国将迎来文化产业大发展大繁荣的时代。

出版行业是我国文化产业的重要组成部分，随着全国经营性出版社全部完成转企改制，改制后各出版单位作为企业主体在市场中独立运作，在这样的时代大背景下，改制后的出版企业同时面临巨大的机遇与挑战。财务管理作为企业的重要经营管理内容之一，在转企改制后的出版企业中，其重要性与紧迫性逐渐突显。未来出版社的财务管理将会朝着何种趋势发展下去在某种程度上甚至会决定企业的存亡，同时出版企业的发展轨迹及远景规划又会反过来影响财务管理的发展趋势，财务管理的方式和手段在转企改制后以及所谓的后改制阶段都将会随着市场环境的变化而发生改变。本文仅从宏观层面，以转企改制后出版社财务管理的现状为出发点，分析未来出版企业财务管理的发展趋势，探讨出版企业应从哪些方面强化财务管理以及出版企业应为之做好哪些准备工作，从而适应新时期的发展要求。

一、转企改制后出版企业财务管理的发展趋势

1. 全面预算管理为出版企业提供更为科学的管理方式

(1)全面预算管理的涵义

全面预算管理是企业内部管理控制的重要方法之一,是对现代企业成熟与发展起过重大推动作用的一套管理系统,而预算工作是出版社财务管理的重要内容,那么在市场化的环境下,出版企业内部的财务管理手段将逐步向全面预算管理转变。就目前的现状来看,绝大多数出版社甚至其他行业的企业的预算管理手段都是较为粗放的收支预算,只有少数一些大型集团公司或跨国公司采用全面预算管理,毕竟全面预算管理虽然科学有效,但是编制实施起来还是比较费时费力的,然而随着时代的进步,转企改制后的出版企业成为完全的市场主体,其预算管理手段也势必向以市场和业务为导向的企业全面预算管理转变。

出版企业要实施全面预算管理,应当以市场预测为起点,以出版物、选题为预算对象,对企业生产经营各个环节实施预算的编制、执行与考核,企业要将预算作为内部组织生产经营活动的依据,把资金的收支纳入严格的预算管理程序之中,严格限制无预算的资金支出,同时要实施对大额资金的跟踪监控,保障出版企业资金的有序流动。全面预算管理将是未来出版企业财务管理的重要内容,通过全面预算管理,完全可以将各部门目标与企业整体目标更加具体化,又能协调好各部门的经营,控制好日常的经济活动,并为业绩考核提供参考标准。

(2)营销费用预算管理

在出版企业完全市场化的条件下,除了各部门的常规费用预算管理外,营销费用预算管理在全面预算管理体系中的地位日益重要,图书市场竞争日趋激烈,特别是数字时代对传统出版业冲击巨大,更使得纸质图书市场的竞争变得残酷,各出版社纷纷通过增加营销费用来抢占市场,营销费用水涨船高。以交通社为例:2010 ~ 2012 年销售费用总支出分别为 1821 万元、2109 万元、2294 万元,即便是在严格控制的情况下,依然是呈现出逐年增长的态势。据业内人士统计,出版业过去几年的营销费用增长率远远超过出版业整体发展速度,而未来几年,出版市场竞争将更加白热化,营销费用将持续高速增长,预计未来几年,整个出版行业的企业年度营销费用增长率保守估计将为10% ~20%，营销费用预算在出版企业整体预算中的比重将越来越高，因此必须加强对营销费用预算的管理。

出版企业应采用科学有效的营销费用预算方法，根据各预算年度的重点营销活动、重要图书、选题、新书与重印书出版规模比重等各种综合因素，分别以零基预算和弹性预算等方法相结合的方式来进行预算的编制。

(3)内部管理审计

全面预算管理与内部管理审计有着必然的联系，全面预算管理建立了科学的管理体系，而内部管理审计则为这套管理系统正常运转提供关键保障。内部管理审计是预算考核评价的有效手段，可以促进出版企业加强预算、增收节支，提高整体的经济效益。内部管理审计对预算管理制度的建立以及预算编制、预算实施、预算调整等进行全过程的审计监督，保证全面预算管理的合法性、合理性和完整性。

针对预算的内部管理审计，需要关注的重点还有对企业内部控制流程的监督与考评，在审计过程中发现管理问题，为企业及时解决预算管理中的问题提供决策的依据。

由此可见，未来的出版企业有必要建立专门的内审部门，对整个企业的管理流程、财务运作及各项费用支出合理性等加以审计，并提出改进意见，这样才能建立长效的监督机制。

2. 真正意义上的单书成本利润核算是更为科学的财务管理模式

转企改制后出版企业的现代化管理水平需要进一步提升，单品种利润核算是出版企业细化管理、规范管理、科学管理的必然结果。图书单品种核算能准确考核单品种图书赢利能力，为图书生产经营决策提供数据支持；为出版企业内部考核提供准确的财务核算依据；为图书选题立项和市场定位提供详细的统计信息；为出版企业未来战略规划提供参考。就目前现状来看，大部分出版社可以实现图书选题生产过程中的单品图书成本利润核算，然而到了销售环节，针对单品图书的核算就比较困难，受现实条件制约较多，要实现完整意义上的单品种利润核算，还需要进一步加强现代财务管理，并大力发展信息技术在企业生产的各个环节的应用，建立起以图书单品种核算为核心理念的管理核算考评机制，这也是提高出版企业核心竞争力的必然要求。

(1)图书结算将实现实销实结

目前出版行业的图书结算现状是销售回款账期长,销售回款对应发货清单而不对应实际销售品种,导致图书单品种销售情况无法准确统计,未来随着更加先进的信息系统的使用,将使社店信息的广泛交换成为可能,届时实销实结模式也就可以全面推行,这样不但使结算周期缩短,而且可以很容易分解到单书,单书的成本和收益将更加明晰。

(2)信息技术的高度发达使单品种利润核算成为可能

目前出版企业的出版、编辑、发行等各业务系统一般还没有形成完全的信息对接,真正启用全程系统的出版企业较少,采用正规的 ERP 软件的企业也不算多。随着管理理念的更新和信息技术的发展,出版企业要对内部管理流程进行重新设计,从单品种核算的要求出发,对各业务流程中的经济事项进行会计核算,细分建立单品种编、印、发各业务环节信息完全对接的新型管理系统,对单品种出版物的收益与成本费用进行准确的会计确认与记录,从而用技术手段保障单品种利润核算实现的可能性。

3. 数字出版改变出版社会计运作模式

随着科技的进步,未来的出版行业将会以数字出版为核心,而电子商务又代表着较为先进的商业方式,两者结合后的应用与发展将成为出版企业全新的经济增长点,数字出版和电子商务将给会计运作模式带来了一场全方位、根本性的变革。

(1)网络会计的全程实现

网络会计是指在互联网环境下对各种交易和事项进行确认、计量和披露的会计活动,它是建立在网络环境基础上的会计信息系统,将帮助出版企业实现财务与业务的协同,改变财务信息的获取与利用方式,网络会计可以完成远程报表报账查账审计等会计处理流程,实现动态会计核算与在线财务管理,支持电子单据与电子货币。

网络会计的出现是科技进步的集中体现,是时代发展的产物,通过网络会计可以最大限度地实现会计信息资源共享,大大加快会计账务处理的速度,使账务集中管理变得更加容易,会计信息的提供更及时,信息获取更有针对性,会计信息的披露更全面。

(2)与网络会计相对应的新信息系统将广泛使用

数字出版和电子商务时代,旧的会计信息系统将不能满足全新的会计需求，势必将出现新一代的会计信息系统，它除了常规已有的会计功能外，还将带有决策支持功能并支持网络。在出版企业新 ERP 系统中，将整个生产经营活动中的各种数据信息都纳入到企业的系统中，经营数据通过网络从企业各个管理系统、出版系统、发行系统、人事系统等直接采集，并通过公共接口与相关外部系统供应商、经销商、银行、税务等相联结，绝大部分的业务信息能够实时转化，直接生成会计信息，实现信息处理的多元化，出版企业应该积极关注并使用支持具有多种接口、功能全面的 ERP 系统。

二、出版企业应对财务管理发展趋势的准备

1. 管理模式的转变

财务管理是出版企业管理的核心内容，是实现出版企业价值最大化的保证，转企改制后的出版企业将面临更激烈的市场竞争、更复杂的市场环境、更多样化的财务核算要求，因此出版企业需要全面地扩展管理思路，不断更新财务管理思路，改变以往传统的财务管理模式，引入人本观念、竞争与合作相统一的共赢观念等现代化财务管理观念，形成适应自身发展水平的财务管理体系，实现财务管理的决策计划与控制职能。

2. 信息技术的开发

图书出版市场环境的变化要求出版企业采用现代化的企业财务管理模式，现代化的企业财务管理模式依赖日新月异的信息技术，信息技术为财务管理提供了更多的解决途径，拓展了财务管理的手段。随着电子商务与网络会计的发展，未来出版企业财务管理对信息技术的依赖程度更强，出版企业需要根据市场形势的发展和财务管理的需求，做好对现代信息技术的应用与开发。

3. 会计从业人员的新要求

新的信息技术推动着会计学向边缘学科发展，企业对会计人员的要求也发生了相应的变化，大量的会计核算工作实现自动化，会计人员的工作重点应从记账算账逐步转移到分析、预测、决策上来。在电子商务蓬勃

发展的环境下，未来出版企业的发展对复合型会计人才的需求将更加迫切，出版企业的会计人员要增加经济管理、财务分析和决策方面的知识，还应具备网络会计等相关知识。在实际工作当中，转企改制后的出版企业应更加注重对会计人员的培训，使财务人员的业务素质随着时代的发展而不断更新与加强，以适应新时期出版社财务管理的发展要求。

信息化条件下地图图书的选题策划

董京礼

【摘　要】　在快速发展的信息化条件下，地图图书的选题策划除了具有一般图书的共性外，还有其更高的要求，这是每一个编辑需悉心以对的。所以认真对待选题策划、仔细研究选题策划的类型、认真操作选题策划的基本步骤是市场策划的关键。

【关键词】　选题策划；策划类型

一、地图图书选题策划

选题策划，是指编辑人员按照一定的方针和客观条件，开发出版资源，设计选题、落实选题出版及行销方案的创造性活动。从本质上讲，它是一种文化设计、文化创造和文化引导；是一种编辑生产力，文化生产力。在出版领域，选题策划处于举足轻重的地位，选题策划能力代表一个策划编辑的核心竞争力，策划编辑的整体水平也代表出版社的核心竞争力。

在快速发展的信息化条件下，地图图书的选题策划除了具有一般图书的共性外，还有其更高的要求。因为地图图书的“选题资源”一般不是“社会文化资源”，而是出版社本身固有的资源，地图图书的选题策划是根据已经拥有的地图数据资源，结合市场需求而对数据的针对性加工。由于选题资源的局限性，因此对地图图书选题策划提出更高的要求，对地图图书策划编辑的要求也更高，特别是信息化条件下，各种形式和功能的电子地图充斥着市场，让人们目不暇接，电子地图的快速发展，除了给常规地图出版造成冲击外，还给地图图书的选题策划提出了更大的挑战，策划编辑很难准确定位读者对象。因此，在信息化条件下一个成功的地图

图书策划编辑除了有常规的选题策划能力外，还要有过硬的地图专业知识，还必须具备组织设计和制作的能力，并熟练地图数据资源的种类和具体情况，在当今创意无处不在的年代，还要学会做概念、做理念。由于地图图书的局限性，同质化情况严重，要保证每一本策划的图书有市场，就必须保证每一本书要有亮点。所以，学会做概念、做理念就等于给每一本书都注入自己的灵魂，可在市场上形成自己特色的品牌，形成一个读者群体。

二、地图图书选题策划的类型

地图出版的分类通常分为常规地图和数字地图。

常规地图按用途分为交通地图、旅游地图、教学地图、艺术地图；按规格可分为系列性、成套性、单项性选题；按重要性可分为重点和一般选题。

数字地图按用途分车载导航地图、计算机网络地图、一般的计算机浏览地图。

三、地图图书选题策划的基本步骤

1. 地图图书的市场调研

(1)必须要有选择。所谓选择就是选择开本、选择印张、选择定价、选择出版者等，也可以视情况制定一个合适的选择。

(2)对选择的图书必须细读。同一开本的封面设计、版式设计、符号设计、图内的布局和内容。

(3)在细读的基础上，要详细记录。版式设计要记录版心和周边的设计风格、特点；图内的布局和内容除了细读，如符号设计必须记录的有：①注记：字体、字形、字号、字色；②注记符号：大小、形状、用色；③线画：高速、国道、省道、县道等线粗、线色；④境界：符号、设色。

(4)分析。细读后要分析，形成自己的结论，哪一本书你认为最好，为什么？好在哪？问题在哪？同样，不好也要分析，对系列书中，分析怎样组合更好；

(5)分类。哪一本书、哪一个出版社的书比较强或接近自己，对自己构成影响最大的是哪一本书、哪一个出版社，自己应该如何去超越。

(6)定位。通过以上的分析,定位自己的产品。首先如何设计,包括风格特点、地图分幅、读者对象、建议销售区域,并写出本书的宣传要点。

2. 资源分析

(1)对本社现有已出版图书的分析。首先要了解自己目前策划的所有产品,进一步了解其优缺点。保证新策划的产品在原数据的基础上要有新的亮点,并且每一本书都有每一本书的亮点,特别是封面、内饰、表示方法 。

(2)了解所掌握的数据资源能否满足新产品的需要,如果满足不了如何补充,用什么资料补充。

3. 预先设计

对选题进行设计这是地图图书策划编辑与其他策划编辑的最大区别,提出一个概念和将这个概念变为现实二者之间有根本的区别。将理想变为现实是最后的一步,也是最难、最关键的一步,因为这一步之遥需要你的所有积累,这就是所谓策划编辑的资本。对地图图书编辑来说要有如下积累:①学习和掌握地图出版的法律法规和各项要求,及时了解地图各种信息的变化,确保地图的现实性;②学习并了解所有与制图相关软件,最好掌握,要知道这些软件的特点,这些软件能设计出的风格以及软件之间的相互转换和互补之处;③了解后端生产,如现代的印刷设备和技术状况,因为只有掌握这些,才能大胆地进行用色和大胆的制作;④必须先做几幅样图,广泛征求意见,随时调整自己的设计;⑤在正式制作之前要写出详细的制作要求,每一个符号都要具体到位,都要量化。

4. 与销售沟通

了解同类地图图书在不同渠道、不同地域、不同上架点的销售情况,通过分析,根据策划选题的开本、印张确定消费对象,确定书的定价。

5. 写好上架建议

写好上架建议,对书店一线营业人员有很强的指导意义,对图书的销售意义也很大,特别在目前图书种类繁多的情况下。

最后,还是建议地图图书策划者多走出去。地图既然是色彩缤纷的图书,所以掌握的知识范围就要广,不要只局限在地图,例如绘画、摄影、

服装都要关注和研究。通过绘画、摄影可以更加完善地图图书构图的设计，扩展自己的思路；通过服装可以了解每年的流行色，可以及时地对地图色彩进行调整。总之，只有运用自己的勤奋、心智，并且善于观察生活、社会热点及重要事件，并能把他们之间联系在一起，注入消费者心智空间，才能不断发掘优秀的概念、理念，在流行中起积极的引导作用，创造出有价值的地图类图书。

浅谈出版社专业教材策划模式

——汽车类应用型本科教材策划实践及启示

夏　韡

随着社会经济发展和企业用人需要的不断变化,我国的高校教学改革也在不断深入。目前,我国高等教育所培养的大部分人才还是以理论知识学习为主,缺乏实践动手能力,在进入企业一线工作时往往高不成低不就,一方面企业会抱怨招不到合适的人才,另一方面毕业生们又抱怨没有合适的工作可找,这里主要问题就在于人才培养模式没有跟上社会发展实际需求。而作为知识载体的教材则体现了教学内容和教学要求,是进行教学的基本工具,更是提高教学质量的重要保证。但目前国内多家高校在应用型人才培养过程中普遍缺乏合适的教材,现有的本科教材远不能满足要求。因此,如何编写应用型本科教材是培养应用型人才过程中急需解决的问题。本文主要对汽车类应用型本科教材的策划模式进行初步的探讨。

一、汽车类本科教材的现状

当前随着汽车行业的飞速发展,汽车人才需求激增,无论是汽车制造企业对于汽车研发、汽车制造人才的大量需求还是汽车后市场对于汽车服务型人才的大量需求,这些都需要高校不断的输送相关人才。因此,各类高校新增汽车专业和汽车专业的招生规模在逐年增长。据粗略统计现在全国有大约160多所高等院校开设了车辆工程、汽车服务工程、交通运输三个汽车相关专业,总招生规模在每年25000人左右(表1),其中二、三本院校数量约占70%,生源数占到近8成。

汽车相关专业的院校数量和招生人数　　表 1

项　目	车 辆 工 程	汽车服务工程	交 通 运 输
全国开设院校	150 所	66 所	43 所
年招生规模	15000	6600	3440

当前，汽车本科教材市场现状和发展趋势如下：

(1) 总容量有限，教材多而不精。第一，教材种类繁多，不缺数量，编写上存在东拼西凑的弊端，整体质量不高，缺乏真正的精品。第二，高校教师重科研、轻教学状况严重，是目前高校发展导向所致，有水平的老师没时间去编教材，很难产生精品教材。第三，教材内容和编写模式仍未走出原有的体系和框架，实际教学效果不理想，不能满足教学需要。

(2) 竞争不断加剧。目前的汽车类本科教材品种繁多，多家出版社参与角逐，竞争不断加剧。在全国市场，除了传统的“老牌劲旅”，如机械工业出版社、人民交通出版社、高等教育出版社、北京理工大学出版社等参与竞争外，还有新进加入汽车本科教材出版的国防工业出版社、北京大学出版社等；在地方市场，像华南理工大学出版社、合肥工业大学出版社、哈尔滨工业大学出版社、大连理工大学出版社等“地头蛇”，它们往往依托地区资源的优势组织各地的院校编写教材，瓜分地方市场。

(3) 教材潜在销量增长在二、三本院校。由于一本院校招生量有限且变化不大，学生自主选择购买教材，他们采用复印、购买上年级旧书等形式，使得本科教材销量受限，不断下降。而由于国家和社会加大对应用型人才培养力度，二、三本院校招生量逐年增长，同时学生一般还统一购买专业教材，因此教材选用比较有保障。

通过上述现状和趋势的分析，我认为出版社在汽车类相关专业本科教材市场的应对措施如下：

(1) 要对市场保持充分的信心。尽管汽车类本科教材的市场总容量有限，但是随着汽车行业的不断发展，汽车人才的大量需求，汽车专业本科招生量仍然会呈现上升的势头，因此汽车类相关专业本科教材市场会持续稳定。

(2) 立足专业，保持传统，努力做出精品。尽管目前加入汽车类专业本科教材出版竞争的出版社不少，但是只要出版社立足专业，保持传统，努力做出精品，相信在这轮“大浪淘沙”的过程中会最终闪现出光芒。

(3) 维持现有本科教材，加大对应用型本科教材的投入力度。随着一本院校选用专业教材量的进一步降低，出版社应将主要的精力放在适合二、三本院校教学的教材开发上，同时还应积极关注成人教育和继续教育等的教材。

二、应用型本科教材的定位

应用型本科院校在人才培养上既区别于研究型本科院校，又区别于高职高专院校。相对于研究型本科院校注重理论知识和厚基础、宽专业的特点来讲，应用型人才培养是以社会实际需要为核心目标，在培养学生全面扎实的基本知识的前提下，重点培养学生的实际应用能力和创新能力，人才培养过程更是要突出学生实践能力、专业技能和创新能力的训练。另一方面，应用型本科与高职高专相比也有较大的不同。尽管应用型本科也是培养第一线需要的应用技术人才，但应用型本科出现以后，高职高专的具体培养目标和规格应当有所调整，与应用型本科有所分工。高职高专主要培养一般企事业部门的技术应用型人才，尤其是培养大量一线需要的技术人才，注重实践知识和操作技能。应用型本科则主要培养技术密集产业的高级技术应用型人才，并担负培养生产第一线需要的管理者、组织者以及职业学校的师资等任务。应用型人才培养突出学生培养过程中基本理论知识的讲授，培养学生全面扎实的基本知识，使学生既能有一定的理论知识，又具有一定的实践知识和操作技能。因此就汽车类应用型本科教材，我们做了如下定位：

(1)使用对象确定为拥有车辆工程、汽车服务工程或交通运输等专业的二、三本院校。

(2)需要设计合理的理论与实践内容的比例，主要解决“怎么做”的问题，涉及最基本的、较简单的“为什么”的问题，既满足本科教学设计的需要，又满足应用性教育的需要。

(3)与现行汽车类普通本科规划教材是互为补充的关系，与高职高专教材要有明显区别，深度上介于两者之间，满足教学大纲的需求，有比较详细的理论体系，具备系统性和理论性。

三、以实际需求为导向，采用“联编共用”的策划思路

汽车类应用型本科教材的策划思路：以院校教学实际需求为导向，以

院校联编共用为基础,在教材的编写思路、体例上有较大的创新和突破。

具体操作环节:调研院校教学需求、编写意见和编写要求,分析学校的教学大纲和课程设置,按照相关度高的原则确定编写书目,在广泛征集各院校的教材使用意见和编写建议基础上,采取实地走访调研和发函调研相结合的模式,尽量大的收集更多的院校信息和建议,最终确定编写书目、编写人员,成立编委会,召开编写会,商讨编写大纲、编写分工、编写计划、编写模式,最终完成出版。

1. 调研

在调研之前,撰写教材策划方案初稿,明确教材定位、教材初步目标、书目初稿、编写模式等。并在调研之前把这些内容写进调查报告中。

(1)第一轮实地调研。在高校数据库中筛选合理定位的院校,形成第一批意向院校,作为第一轮调研的对象,这轮院校的选取要尽可能广泛。院校选取原则为:尽量多的覆盖汽车类的多个专业、招生规模大、采用教材意愿强、有一定编写实力的院校。对各院校的情况做好分析和统计,制定第一轮实地走访计划,带上准备好的调研报告,按计划调研,搜集院校情况、教材编写意见和意向。调研结束后,及时总结、调整策划方案。

(2)第二轮邮件调研。在第一轮实地走访调研的基础上,汇集调研中搜集到的建议,选取一批不能实地走访的院校做邮件调研,这个范围可以更加广泛,主要调研内容包括:院校专业设置情况、招生规模、课程设置、培养方案、对于本套教材定位、编写书目和组织的意见,以及编写意向等。在完成本轮调研之后,要认真总结调研结果,修改策划方案,尤其是要对比各院校的课程设置,分析相关度高的课程,遵循先核心必修课、再选修课、再实验课的开发过程,来确定教材书目,同时研究每门课程的具体编写,要在综合各院校老师对教材编写意见的基础上,提出一些具体的教材编写思路和方案,这些可能要细化到每种教材上。

(3)第三轮实地调研。在完成前面两轮范围较广的调研后,还要针对我们意向的核心编写院校和主要教材使用院校进行一轮重点走访,这里可能只选取最重要的 3 ~5 所院校即可。这轮走访的目的主要是将我们修改好的教材策划方案与重点参与院校沟通,一方面确定教材的用量、一方面再听取一下编写意见和编写意向。完成上述几轮调研之后,教材的策划方案进一步完善,也初步确定了教材编写书目、编写成员、编委会成员等。

(4)找专家把关。通过调研的教材策划方案从内容上已经汇集了院校的实际教学需求,为了在组织编写之前更加合理完善,我们还需要找专家把关。一方面,选取2~3名懂教学和有经验的老师,将完善后的策划方案发送给他们,由他们从汽车教学专业的角度提出意见;另一方面,找出版社的总编辑或副总编辑,从出版专家的角度提意见,再汇总双方的意见,修改策划方案。

2. 召开编写会

教材编写会是教材策划组稿过程中很重要的一个环节,它通过会议的形式,集中参编老师和院校,充分就教材编写做深入的交流,编写会的成功与否极大地关系到整套教材的后续编写、出版,因此出版社在召开编写会之前要做好充分的准备。

编写会之前,出版社应该做好准备的工作大概分为如下几个方面:

(1)初步确定编委会人员,找到合适的编委会主任委员。编委会人员基本上按照参与编写和参加编写会的人员组成。编委会主任委员是其中比较有影响力的人,对本套教材编写能投入较大精力的老师来担任,最好还能有行政职务,在业内也受到广泛认可的人。

(2)初步确定主编、副主编人员。按照搜集到的编写意向,先初步确定主编人选,主编尽量选择知名度高、经验丰富的,同时还要遵循一个院校不能同时有太多的主编的原则,要尽可能多的将主编分散到各个参编院校中,要照顾到各位编写人员的意愿,尽量满足各方的要求,安排好主编、副主编和参编人员。

(3)初步确定编写书目和各书大纲。初步确认编写人员后,出版社应要求主编人员把编写思路和编写大纲准备好,在会前准备好资料,以便会上集中讨论。

(4)初步确定教材编写模式。出版社在召开编写会之前,应对教材编写模式进行深入研究,提出方案。比如可以按照以下两种模式:第一类是理论性较强课程的教材编写,以“基础理论和专业技术知识+案例分析+实证方法+拓展知识点和学习资源”为主要内容。第二类是实践操作较多的课程教材的编写,以“基础理论和专业技术基本知识+操作(运作)规范+案例分析(典型工艺)”为主要内容。

完成上述准备之后,编写会的召开是顺理成章,出版社要注意在编写会环节做好记录,同时会后要做好总结和工作安排。

3. 组稿、出版

编写会召开后，整套教材的前期策划就基本告一段落，剩下的事主要是由编辑去跟踪编写人员做好编写进度的控制，这其中重点注意控制好大纲修改、样章编写、申报选题、签订合同、催稿、生产等环节。最后出版成书也就水到渠成。

四、全程营销，助力教材销量

教材从策划之初到出版成书，只是完成了图书出版很小的一部分，出书后最终要的是如何营销和销售，一个好的策划，是全程性的，是在策划之初就想好了如何营销，汽车类应用型本科教材的策划也是这样。为什么教材的策划要进行充分的调研，说白了，就是要在策划前期明确该套书将来谁来用？用多少？只有在找到“下家”的前提下，才能确定策划。这才是出版教材正确的方法。就汽车类应用型本科教材来说，我认为出版后的营销工作还应主要做好如下几个方面工作：

(1)样书。选择汽车类专业教师数据库中的教师，向其寄送样书营销，并进行后期的电话回访和反馈。

(2)走访。走访相关高校，尤其是选择本套教材定位的二、三本院校，有针对性地与相关专业老师探讨本套教材的编写情况，介绍应用型本科教材的定位，宣传教材，促进其选用。

(3)巡展。结合销售部门的巡展活动安排，选择汽车类专业相对集中的省份开展教材巡展。

(4)教材推广会。选择汽车类专业集中的区域，在有条件的情况下召开区域教材推广会，邀请名师做示范课，宣讲应用型本科教材。

五、结　语

总结上述汽车类应用型本科教材的策划过程，对于一般市场类教材的策划应该本着如下步骤进行：前期市场分析、市场调研、策划方案形成、再次调研、策划方案论证、组织召开编写会、组稿跟踪、出版发行。这是真正的以市场需求为导向，采用联编共用的模式编写教材，这个模式适用于应用型本科教材，也适用于中高职区域教材，是出版社教材策划的主要方向。

浅谈图书版权输出过程中的翻译问题

丁　遥

一、图书版权输出背景

近年来,国家高度重视文化产业发展。2012 年,胡锦涛同志在十八大报告中提出"扎实推进社会主义文化强国建设,推动社会主义文化大发展大繁荣"。文化产业发展迅速,已经成为国民经济中富有发展潜力的经济增长点。

随着经济文化全球化的发展,我国文化产业与发达国家文化产业的同台竞技日趋增多,国际文化交流与文化贸易日趋频繁。新闻出版业是文化产业的重要组成部分,2012 年年初,国家新闻出版总署发布了《关于加快我国新闻出版业走出去的若干意见》(以下简称《意见》)。《意见》进一步明确了今后一段时间新闻出版业走出去的主要目标和重点任务,同时提出了加快新闻出版业走出去的具体措施。《意见》的发布,展现了国家提高新闻出版业版权贸易国际竞争力的信心和决心。图书是中国文化的主要载体,图书的版权输出,必将在中国"文化走出去战略"中扮演越来越重要的角色。

二、翻译瓶颈制约图书走出去步伐

我们注意到,《意见》中提出的今后一段时间新闻出版业走出去的主要目标之一为:"力争到'十二五'末,版权输出数量突破 7000 项,引进与输出比例降至 2:1,力争持平"。近年来,虽然我国版权贸易整体贸易量

持续增长,但是仍然存在着贸易逆差显著的问题。以图书版权贸易为例,国家版权局公布的全国版权贸易数据显示,2009 年,全国共引进图书版权 12914 种,共输出图书版权 3103 种,引进与输出比例约为 4.16:1;2010 年,全国共引进图书版权 13724 种,共输出图书版权 3880 种,引进与输出比例约为 3.54:1。更加值得注意的是,在与部分国家或地区的图书版权贸易中,我国的贸易逆差更加明显。从版权引进来源地来看,西方国家占据主导地位,而版权输出地主要还是集中在东南亚和港澳台等华人集中的国家和地区。以 2010 年为例,我国从美国引进图书版权 5284 种,向美国输出图书版权 1147 种,引进与输出比例高达 4.61:1;我国从英国引进图书版权 2429 种,向英国输出图书版权仅 178 种,引进与输出比例更是高达 13.65:1。究其原因,语言障碍是其中之一,翻译瓶颈又是造成语言障碍的主要因素,翻译质量成为国外出版社购买图书版权时首要考虑的问题。

三、影响翻译质量的几个因素

以英语为例,图书推广到英语国家,翻译难度比较大。目前,考虑到合适的翻译人员不易寻求且翻译成本较高,国外出版社一般倾向于让国内出版社直接提供翻译好的英文版图书。这就要求国内出版社首先解决英文翻译问题,使英文译本满足版权输出地的出版要求。翻译不是字对字的单纯转换,能否将读者对象、词义理解、表达习惯等因素融会贯通,决定了翻译质量的优劣。以下结合实际工作中的例子,进行详细阐述。

1. 读者对象

翻译时,首先要明确输出版权的图书的读者对象发生了变化。考虑到读者对象变得国际化,对于“外国”“外国人”等词,在翻译时不能简单直译为“foreign”“foreigner”,否则容易引起误解。“外国”是相对哪个国家来说的? 各国的读者会有不同的理解。实际操作中,如果能够明确具体国家,则应该写明;即使不能明确,也应避免使用。例如:“外国的桥梁”不能直接译为“bridges in foreign countries”,在具体例子中,根据上下文可知这里主要指的是法国和德国两个国家的桥梁,则此处译为“bridges in France and Germany”更为合适。

2. 词义理解

英汉互译时存在一词多义现象,这是因为英语与汉语一样,拥有许多近义词和近义词组。翻译时,应选择合适的词语或词组,避免“误译”。

(1)近义词。以“highway”“expressway”与“freeway”三个单词为例,把中国的“高速公路”翻译成英语时,经常看到翻译成“expressway”的,也有翻译成“highway”或“freeway”的,这三个词的用法比较混乱。实际上,这三个词的定义是有区别的,并不都是“高速公路”的意思。中国的“高速公路”一词在英美国家有不同对应的单词,这也体现了翻译要“因地制宜”。

根据《朗文当代英语辞典》(第4版),“expressway”指的是城市内的快速干道,主要为美式用语,其英语释义为“a wide road in a city on which cars can travel very quickly without stopping”。如此说来,“expressway”应该等同于北京市区的环路,或者说是南京、上海等大城市的高架道路。

“freeway”“motorway”才是英语中表达“高速公路”的更常用词语。其中,“freeway”是美式用语,而“motorway”是英式用语。《朗文当代英语辞典》(第4版)中,“freeway”的英语释义为“a very wide road in the US, built for fast travel”,“motorway”的英语释义为“a very wide road for travelling fast over long distances, especially between cities”。

英语中还有一个常见单词表达的也是“公路”的意思,这个单词就是“highway”。《朗文当代英语辞典》(第4版)对其的解释十分简明扼要,其英文释义为“a wide main road that joins one town to another”。简而言之,“highway”就是指“公路”,尤其使用于美式英语中,用来表示“州与州之间的,州际的公路”,“Interstate Highway”在美国是十分普遍的说法,翻译成中文就是“州际公路”,而在英式英语中“highway”则很少在日常谈话中出现。

(2)近义词组。以“not only... but also...”与“as well as”为例,“not only... but also...”与“as well as”含义相似,都有“不但……而且……”的意思。只是在用“as well as”时,被强调的部分在“as well as”之前;而在用“not only... but also...”时,被强调的部分在“not only... but also...”之后,即可理解为 not only A but also B = B as well as A,两者强调的部分都是B。

3. 表达习惯

汉语和英语的表达习惯也存在差异，以主、被动语态为例，汉语主动语态意识较强，而英语被动语态意识较强。汉语中许多主动语态句子用时间或地点作主语，而英语主动语态句子中的主语一般都是谓语动词的动作执行者，当动作执行者不明确时，则用被动语态。例如："20世纪30年代，德国采用几何模型来检查空间线形"，按照中文直译为"In the 1930s, Germany applied geometric models to examine the line of the space"是不合适的，这里强调的是"在德国，几何模型被用来检查空间线形"，因此采用被动语态翻译为"In Germany in the 1930s, geometric models were used to examine the line of the space"更加合适。

4. 其他细节问题

1）国际单位制单位

一些中文里面特有的单位，如面积单位"亩"、质量单位"斤"等，在翻译时没有对应的英文单词。在版权输出过程中，考虑到读者群分布的国际化，不能简单地用拼音"mu"、"jin"等来表示这些单位，而应该将其转换为国际单位制单位，如"平方米（m^2）"、"千克（kg）"等，以便理解。

同样，一些英美国家惯用的单位，如体积单位"加仑（gal）"、质量单位"盎司（oz）"等，在中文里面并不常用。在版权引进过程中，也应该注意将这些单位换算为国际单位制单位，如"立方米（m^3）"、"千克（kg）"等。

2）标点符号

翻译应严把"细节关"，具体到标点符号，也不能简单照搬，这是因为汉语和英语中使用的标点符号是有差异的。

某些汉语标点符号在英语中是没有的，应用其他标点符号代替，其中比较典型的是汉语中的顿号和书名号。

（1）顿号（、）。英语中没有顿号，分割句中的并列成分多用逗号。如"这个服务区建有停车区、加油站、便利店和餐厅"，翻译成英语为"The parking lot, gas station, convenient store and restaurant are all built in this service area"。

（2）书名号（《》）。英语没有书名号，书名、报刊名等多用斜体表示，如"*Guide to Highway Landscape Design*"。

某些符号在汉英两种语言中的形式不同：

(1)英语的句号为实心点“.”,汉语的句号为空心圈“。”。

(2)英语的破折号为“-”,汉语的破折号为“——”。

(3)英语的省略号为三个点“...”,位置在行底;汉语的省略号为六个点“……”,位置在行中。

总体来说,图书需要以另一种语言翻译出版时,翻译完全能够体现两种语言文化的交融与碰撞。要最大限度地消除语言障碍,就必须首先克服翻译瓶颈,使译文概念明确、文理通顺、结构严谨。只有这样,才能加快图书尤其是科技图书的走出去步伐,尽快降低引进与输出比例,从而使得图书版权贸易均衡发展、可持续发展。

我社地图产品销售分析及策略

刘建荣

近年来,传统纸质地图产品同质化日益严重、市场竞争日渐激烈,利润空间逐年摊薄,且随着 GPS 的应用和网络地图的普及,纸质地图的整体市场越发呈逐年萎缩和下降趋势。为在激烈的竞争中获得一席之地,很多供应商采取了没有底线的销售政策,使得竞争更加无序与混乱。我社地图出版以交通图册类为主,如何在白热化的地图市场竞争中求生存、谋发展,需要认真深思。我认为,我社的出版需要根据市场的整体情况,调整出版结构,实现产品创新,改进产品质量。我社的发行工作要分析本版地图的产品结构和现有的渠道特点,制定销售策略,认真执行并适时调整。因我从事地图发行工作时间较长,现从销售的角度来分析如何做好地图的发行工作。

一、地图产品市场的整体形势

目前,市场上共有 19 家地图出版单位,包括出版社和民营出版公司。各出版单位各具特色,在市场上以自己的优势产品占据不同的市场份额。大致有以下几种类型:以行政图的权威性处于领先地位的中国地图出版社;以单张图独具特色的运营模式的星球社;以区域性产品为核心的各类地方性地图出版社(10 家);具备市场类地图产品强势地位的天域北斗图书有限公司;具有灵活的出版和发行政策的其他民营出版公司(4 家);与民营公司合作的出版社,如地质社和旅游社;以交通图为特色的人民交通出版社。

由于不同的定位,带来各出版单位的编制水平、产品质量及营销思路也不尽相同。处于市场领跑地位的中图北斗图书公司(2012 年中国地图出版社与天域北斗图书公司合资公司,仅将各自图册类产品在该公司进行出版与销售)实现强强联合,其产品无论是出版速度、质量、内容及服务等,在读者群中的认可度很高。该公司突出特点是市场快速反应能力极强,营销政策灵活。地方社由于具备地缘优势和当地测绘局的保护,在地方产品上强势。各类民营公司在产品的出版上采取跟随战略,营销政策上,以低定价、低折扣及在各环节进行灵活操作,占据市场一定份额,也冲击整个地图市场的价格体系,使得地图的供货折扣连年降低。我社的地图产品以交通类图册为主,拓展了相关的旅游类产品,但产品的出版与更新速度落后于其他出版社和民营公司,目前的市场份额较小,不利于营销工作的开展;此外,我社地图市场曾一度出现间断,产品认知度受到较大影响。可以说,我社地图产品目前是在夹缝中求生存的阶段。

二、我社地图产品的特点

经过近几年尤其是近 3 年的发展,我社地图产品形成了多种类、多层次、多开本、多定价、成系列的交通地图,出版领域涵盖了全国交通地图、物流运输地图、区域交通地图、分省里程图、自驾旅游交通图、中国和世界地图等类型地图。目前我社的地图产品具备以下特点:

(1)产品结构较 2009 年丰富,但没有自己独特的不可替代的产品。地图市场的同质化极其严重,有一些民营公司的快速跟进,同样产品以更低的价格和折扣冲击扰乱市场。

(2)一号多版次,甚至换版也未换号。由于地图的编审特点,每年地图换新版,书号不变,形成了一个书号沿用多印次、多年使用的格局。这种情况给渠道销售带来很大的不便。

(3)产品的市场快速反应能力欠缺。有些产品特别是地方性的产品,2010 年虽已就意识到其市场潜力,但由于编辑力量所限,至今未能成套系出齐。

(4)产品的整体竞争能力不强,尚无具有核心竞争力的产品的支撑。

三、我社销售渠道的特点

我社现有的地图产品销售渠道包括地图专销、新华系统、网络书店及

部分大型民营卖场。目前地图专销渠道的特点是，能较好地适应代理商的特点，政策灵活、市场意识和快速反应能力强，经过3年的运作，与该渠道客户形成良好的合作关系和模式，但由于该渠道的客户多为家族企业或个体工商户，其主动拓展市场的意识、工作的精细度和科学性均存在较大问题，且我社产品竞争力弱，有些代理商对我社地图产品忠诚度和信任度不够。新华渠道是我社图书发行的传统渠道，占有零售市场的绝对份额，具有卖场地理位置优越，读者购书直观性强的特点。但是，新华渠道又具有灵活性较差、渠道控制力较弱等特点。尤其是连锁后，部分省份连锁的不完全和管理不到位，在一定程度上影响了我们的销售工作。而且我社市场类图书品种有限，产品也不强势，在与新华合作中弱势明显。网络书店这一新兴的渠道，在近两年，平均增速在100%以上，其迅猛的发展势头，不容忽视。我社在三大网店的销售年增速也是成倍地增长。但由于地图产品在与网店合作之初签订的协议供货折扣过低，导致不能参加网店的任何促销活动，这在很大程度上影响了我社与网店的进一步合作。

四、销 售 策 略

根据地图出版中心近年的地图产品出版情况和我社现有渠道特点，地图产品的销售工作不能搞“一刀切”，必须根据不同的渠道采取不同的销售策略。指导理念是销售产品的同时还要销售服务。下面分渠道制定和实施2013版地图产品销售策略。

1. 地图专销渠道

(1)渠道重塑策略

对现有渠道代理商进行分类，保证将重要资源和核心力量用在核心经销商上。根据代理商的年回款和增长率进行重新划分，不同的客户采取不同的营销策略。对回款贡献大，同时退货率高的客户，协助其做好销售分析，提供首发量和补货量参考建议，增强其整体盈利能力。对回款贡献小，退货率高，且合作积极性不高的客户考虑终止合作。回款基数不大，有较大上升空间的潜力客户，予以相应支持。通过对代理商结构进行调整，实现渠道重塑，保证渠道的运营效率。

(2)市场拓展策略

协助核心经销商开发高速公路服务区、机场、火车站、超市及邮政领域市场。根据产品和渠道特点进行有针对性的销售和推广工作。目前高速公路渠道的开发已颇有成效，现已有5个省份的服务区与我社在合作，2013年争取再增加3~5个省的服务区合作。同时根据各省服务区特点进行适销品种推荐，增强上架的科学性，减少客户库存及退货。此外，尝试新型的销售模式，运用淘宝进行网络营销，拓展部分网络市场。

(3)单品促销策略

单本书经销商销售比较好，在保证一定数量且基本不退货的情况下，适当降低折扣，以此来提高经销商的销售热情。重点推荐区域性产品，根据近两年市场的反馈，区域性产品经济实用，在经济不景气的现状下，消费者对这类产品的具备消费能力与潜力。

(4)营销策略

①赠送书架。赠送一些书架来支持重点推广我社产品的经销商，经销商能够感受到我社对其重视，更能刺激其大力推广我社产品，还可通过摆放书架宣传我社的品牌形象。特别是新开发服务区业务的代理商，一定在产品上市的同时提供书架。

②加强宣传。日常可根据需要做一些宣传海报让经销商进行粘贴推广，让更多人了解出版社版地图。如有网上销售可与社网站进行连接，这样读者购买方便快捷，更可相互推广，树立人民交通出版社品牌形象。

③加强对经销商的营销指导。地图代理商多为批发市场个体户，他们经验丰富，有一定业务水平，但是整体的知识面较窄，对新兴事物的接受能力较为有限。专销部通过专人学习了解网络有关的图书销售知识，指导代理商开通和运用新型的销售模式进行产品销售和推广。通过提升他们的销售能力来实现我社地图产品的销量。

(5)继续实施并推进年终返点奖励政策

按《经销商管理办法》及《实施细则》，严格执行奖励政策，兑现《办法》及《细则》有关奖励条款，刺激代理商回款的积极性与主动性，提高其销售我社地图产品的主观能动性。

(6)提升服务读者水平

地图产品市场竞争激烈，可替性强，在竞争对手强、市场混乱无序的状态下，我们在销售产品的同时更是销售服务。因此，建议经销商定期收集一些读者的反馈意见和建议，专销部将收集的信息分类整理，并根据情况在图书产品中予以体现。通过改进产品来提升对读者的服务水平。

2. 新华渠道

(1)加强对新华渠道管理,提升渠道服务水平

由于我社大众类图书有限,缺乏拳头产品,新华书店对我社依附性很弱,我们在发行工作中基本处于被动地位。加上中图北斗公司成立后,北斗的产品利用中图新华的渠道资源快速地进入新华领域,并占据很大市场,给我们新华系统的地图销售工作带来新的挑战。在产品不够强势、我社处于弱势的情况下,新华书店工作的突破点更多在于提供更高、更好的服务,或其他增值服务。针对地图产品销售情况,新华渠道的地图产品销售工作应对销售主力店予以重点关注,做到工作精细化、信息协同化。通过不同程度的介入新华业务工作,提高对新华渠道的服务水平。具体从以下几个方面着手:

①地图征订工作细致化。根据不同书店的要求及特点,制定个性化的征订单,如在书名后注明版次,重要卖点,重点产品推荐,去年单品销售数,今年参考订数等。

②协助有需求客户及时更新信息系统的产品版次信息,为各连锁店订货提供最新、最准确的信息。

③做好地图发货工作,尽量做到不误发与错发。在发货之前,结合上两年的销售数据、地区销售能力、新版地图印数等方面因素,对报订单进行审核,来确定发货量,以防有的地方没有铺到货,而有的地方又大量积压。在发货过程中和地图出版中心、库房、物流保持流畅的沟通,保证新书及时发出,不发错版次,及时到货,为新书上架做好全面工作。在发货同时做好发货登记工作,防止漏发、错发情况发生。

④跟踪地图销售,及时补发货。新版地图发出后,及时与各店联系,特别是一些已经连锁的新华书店,还要联系到下属各主要连锁分公司,以便新版地图及时上架。新版地图的第一次铺货量基本可以满足书店3~6个月销售,在3个月后,调查了解各门店销售情况,督促各店对售缺品种及时补货,以防断档。每年9月开始,严格审核各店地图进货量,以防造成积压,年底形成退货,同时造成其他售缺书店添不到货。

⑤做好地图退货工作。为了下一轮的新版地图销售工作,在每年11月开始做好旧版地图清退工作,防止新旧版地图混在一起,区分不开,影响销售。退货工作应积极主动与新华客户协商,快速实现退货处理。对前两年退货量大、退货率高的前10位客户,进行深入分析,并提出具体改

进措施。

⑥积极开展地图客户回访工作。客户回访不单单是回访各书店的业务人员,还要深入各卖场、柜组,向各门店一线人员了解什么类型的地图畅销,什么类型滞销。在走访卖场、柜组时,要亲自和读者沟通,了解读者的需求与建议。通过卖场的走访,不仅利于向有关人员介绍产品,更有利于加强与书店的感情,同时可以收集整理这些信息为后续的地图出版提供参考。

⑦认真、快速地履行产品信息答疑工作。认真对待每一个读者和客户来电咨询,做到有问必答,自己解决不了,请求出版中心编辑及时给予解答。

(2)巩固销售业绩好的书店,拓展潜力店业务

根据2012版新华渠道地图发书数据表(表1),我社地图产品在有些省份发货较好,如山西、江苏、浙江、重庆、广东、上海等,还有一些省份的地图发行工作有待进一步加强,如安徽、北京、四川、河南、湖南等。2013版的地图销售工作将进一步巩固发货好的客户,重点开发潜力店,纵向拓展连锁后二级主要城市卖场的业务,加强与主要负责人的联系与沟通。

(3)提供营销支持

在客户提出营销支持要求时,积极给予回应与支持,或者我们主动考虑给予客户营销支持。如根据客户需要,可考虑召开专项的地图产品推介会。每年9月份,与各主要销售客户联系,查看其库存情况,根据需要开展各种促销活动,减少书店退货与出版社库存。

3. 网络书店渠道

网络不仅给现在的人们提供了信息发布的平台、营销的平台,同时也是实现销售的平台。目前销售我社图书的电子商务网站有当当网、京东商城、卓越亚马逊和我社交通书城。由于与三大网店合作之初供货折扣过低,经多次协商想提高折扣,客户均不同意,因此网店的很多活动我社无法参加。故网店的地图销售要实现量的提升,没有直接的促销措施,更多的是要做好日常的信息传递、更新与维护工作。

(1)新品信息及时发布与更新

新书信息根据网络书店的特点与要求,及时提供,并做好更新与维护,做到读者看到的产品信息与我社可供产品的最新信息相一致。同时定期查看,及时更新产品信息。

2012版新华渠道地图发货数据 表1

销售地区	发书册数	发书码洋(元)	发书实洋(元)
山西	36526	731100.00	365735.85
浙江	31318	704858.00	352687.75
广东	44392	680342.30	342856.85
江苏	34743	632292.00	316146.00
江西	27449	590300.00	295297.00
上海	29381	527754.50	263877.25
重庆	25769	518585.00	259292.50
广西	30501	473866.50	247315.78
湖北	16663	346059.50	170631.20
山东	11524	327884.00	165849.67
辽宁	12926	315853.10	173880.53
安徽	15276	308483.00	154241.50
北京	15496	304500.00	153811.00
四川	9011	276163.00	138081.50
吉林	9021	183138.00	105377.10
河南	5025	176753.00	88549.80
河北	6840	166999.00	83545.10
福建	8070	151651.00	77306.00
云南	9769	151462.00	75731.00
黑龙江	4121	80480.00	45413.00
新疆	3010	67480.00	33740.00
宁夏	2203	62635.00	32380.80
陕西	2070	52016.50	29343.47
海南	2058	47464.00	26105.20
湖南	1855	37710.00	18855.00
内蒙古	1368	36194.00	19906.70
甘肃	435	10472.00	5939.05
天津	569	9628.00	5138.15
青海	128	6878.00	3865.90
合计	397517	7979001.40	4050900.65

(2)建立品牌旗舰店

在三大网站中挑选一家进行尝试,重点做品牌宣传,建立独立的页面,展示热销促销信息、新闻及活动内容。在新版地图上市前与书店协商促成京东品牌旗舰店顺利开业。

(3)开展促销活动

交通书城可根据市场情况,采取长期的或分时段的短期促销。如在某一时间段内,购买地图达到一定金额给赠品;多次购买地图且量大的用户可以长期免运费。赠品的形式也可以多样化,除了可以赠送定价低的地图外,也可以在成本允许内赠送带有出版社字样的宣传品。

(4)采用新型的网络营销模式

利用交通书城建立论坛,进行读者答疑等;建立专门的地图客户群,及时传递产品信息,运用邮件进行营销;尝试运用微博营销。

(5)收集、整理网店读者购买评论

定期收集整理网店读者的购买评论,总结分析,改进销售工作,同时反馈予出版中心,改进产品质量。

五、新版地图产品销售工作进度建议

由于地图产品时效性极强,整个地图市场无论是传统的实体书店还是新兴的网络书店,新华书店还是民营书店,新品的征订基本在12月初之前均应完成,民营时间会更早些,首次发货基本在12月15日基本完成,12月下旬各书城均将新版地图上市销售。因此,地图产品的出版和发货时机显得尤为重要。

总进度建议:每年10月10日前,需要地图出版中心完成2013版地图产品目录更新工作,每年11月底前完成主要产品的入库工作。发行部相关渠道在当年11月25日前完成后一年新版地图的征订工作,12月15日之前完成新版地图的发货工作。由于各渠道特点不同,故在具体进度也有所区别:

(1)地图专销渠道(各省批发市场内地图地理商)

在每年的10月31日之前完成新版地图征订工作,10月25日至12月31日完成旧版地图的退货工作。12月初完成首次发货工作,每年春节过后注意补货,重大节假日,提醒代理商备货。每年完成专销渠道的地

图产品销售工作总结，并及时与出版中心沟通。

(2)新华及综合民营销售渠道

每年10月25日至11月15日，根据客户去年销售情况(发退货)和我社重点产品情况进行相应推荐，制作征订表格，完成征订工作。每年12月20日完成首次发货工作。后续注意定期跟踪上架和铺货情况，并注意重大节假日提醒客户补货、备货。每年10月份左右，可以了解各店的库存情况，根据库存情况，协调考虑促销活动，既可以减少我社退货，也可以减少客户库存，增加销售，避免不必要的资源浪费。

(3)网络书店渠道

每年的11月30日以前完成旧版地图退货工作，12月1日至15日完成三大网店及完成三大网店及交通书城的信息更新工作。12月下旬完成地图新品的铺货工作，注意关注网店读者的建议，定期收集整理并反馈予出版中心。

浅谈我社数字出版和几种主要数字格式

蔡　健

随着信息化进程的加快，数字化技术在出版领域的应用被发挥到了极致，一个令人耳目一新的出版态势——数字出版正在逐步形成。数字出版就是利用数字化技术，将各种图、文、声、像信息以数字形式存入信息库中,出版者根据市场需要对这些信息进行筛选、编辑、加工、整合，然后以纸介质出版物、光盘或网络出版物等形式投放市场的出版活动。它包括以 CD、VCD、DVD、EVD 光盘为载体的数字音像出版,以 CD - ROM、DVD - ROM、U 盘、光盘等为载体的电子出版,以互联网为平台的网络出版以及传输相同内容到不同媒体上以满足受众不同需求的跨媒体出版(如手机出版) 等。

数字出版与纸质出版不同。科技图书的纸质出版是对知识的传承和总结,而数字出版是对知识的疏理和归纳。数字出版的核心竞争力是数字技术创新。目前，我社的数字出版已完成从认识提高阶段向操作实施阶段的转型,正在积极参与数字内容产业链的建设之中,这个时期关键是要懂得数字出版的操作流程，在新技术不断发展、层出不穷的今天,传统出版社必须应用新技术、新模式实现转型升级。同时,数字出版从业者,无论是数字编辑还是营销人员,必须对新技术、新标准有所了解,并将其与自身业务相结合,设计开发出适销对路的数字出版产品是当务之急。

目前,国内外数字出版格式多达数十种。国际上比较常用的格式包括 Adobe 的 PDF、微软的 LIT、亚马逊的 Azw 等;国内包括方正的 CEB、超星的 PDG、中国学术期刊网(CNKI)的 CAJ 和维普的 VIP 等。我社目前采用的数字出版格式主要有以下几种,分别进行优劣势比较。

一、PDF 便携文档格式

PDF 全称 Portable Document Format，译为“便携文档格式”，是一种电子文件格式。这种文件格式与操作系统平台无关，也就是说，PDF 文件不管是在 Windows、Unix 还是在苹果公司的 Mac OS 操作系统中都是通用的。这一性能使它成为在 Internet 上进行电子文档发行和数字化信息传播的理想文档格式。越来越多的电子图书、产品说明、公司文告、网络资料、电子邮件开始使用 PDF 文件格式。

Adobe 公司设计 PDF 文件格式的目的是为了支持跨平台上的、多媒体集成的信息出版和发布，尤其是提供对网络信息发布的支持。为了达到此目的，PDF 具有许多其他电子文档格式无法相比的优点。PDF 文件格式可以将文字、字型、格式、颜色及独立于设备和分辨率的图形、图像等封装在一个文件中。该格式文件还可以包含超文本链接、声音和动态影像等电子信息，支持特长文件，集成度和安全可靠性都较高。

对普通读者而言，用 PDF 制作的电子书具有纸版书的质感和阅读效果，可以“逼真地”展现纸质书的原貌，而显示大小可任意调节，给读者提供了个性化的阅读方式。由于 PDF 文件可以不依赖操作系统的语言和字体及显示设备，阅读起来很方便。这些优点使读者能很快适应电子阅读与网上阅读，无疑有利于计算机与网络在日常生活中的普及。

最初 PDF 只被看作是一种页面预览格式，而不是生产格式。然而市场的感觉并非如此，市场期望转化了这种格式的焦点，从而也改变了该产品的使用方式。纸质媒体阅读率的下降很大程度上是因为广大读者将注意力从纸质媒体转向了电子类读物。虽然电子图书市场销售额远远不能同传统图书市场相比，但发展势头强劲。大多数电子阅读器厂商都开始全部或部分支持 PDF 格式。目前市面上使用较多的 PDF 电子阅读器有当当网手机阅读器，以及开发出来的安卓手机专用阅读器。

我社制作 PDF 格式的电子书如图 1 所示，图 1 左侧为书签，点选后可跳转到相应页面浏览。

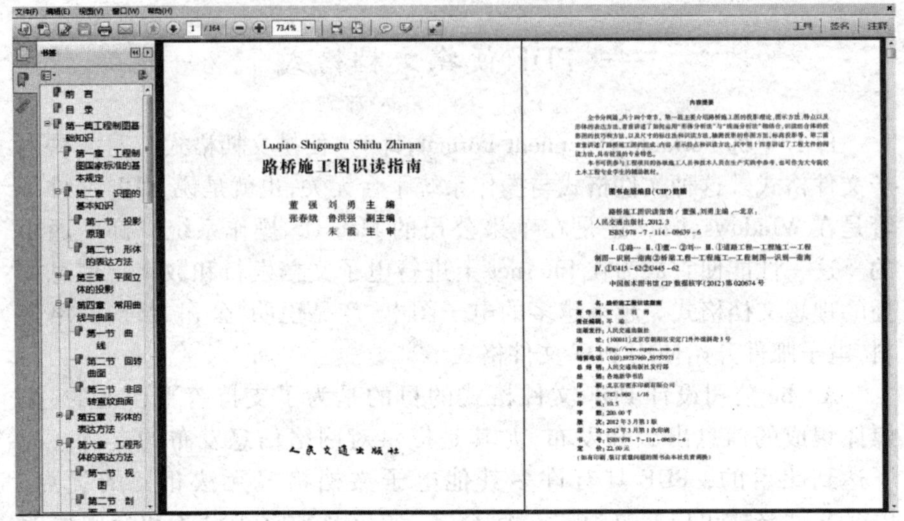

图1　我社制作PDF格式的电子书(扉页与版权页)

传统PC阅读时代,PDF格式一直是国内外应用最广泛的电子文档格式。由于数字出版发展初期面临由传统出版流程向数字出版流程过渡的问题,PDF文件作为一种面向印刷流程的电子书格式,因其能够比较真实地反映原文档的格式、字体、版式和图片等要素,获得众多出版商的认可,成为公认的行业标准。然而随着跨媒体出版的兴盛,尤其是目前电子书载体逐步向移动媒体终端过渡,PDF格式的诸多不适应逐渐显现出来。首先,这种格式专门针对标准纸张打印设计,无法自动调整页面宽度以适应在不同尺寸屏幕上的显示,即它是一种版式文档;其次,PDF作为版式文档缺少很多文档逻辑结构信息,无法方便地实现图文分置等数据解析以适应日益复杂的应用需求。因此,尽管PDF是一种较为成熟的文档格式,但从未来发展方向看,它并不是一种理想的电子书格式。

我社的电子书都制作了PDF格式。PDF又分为两种形式:一种为文字矢量化的PDF,即由排版文件转换过来的所谓单层PDF,我社自2009年以后出版的图书由于使用了方正书版9.0以上版本的排版软件,排版文件大都转化为此种PDF。另一种为图片、文字式双层PDF,即通过扫描、OCR识别而形成的首层为文字(设置为透明)、底层为图片层的PDF。这种PDF的特点是全文检索针对文字层,阅读时看到的为图片层。这种

PDF 主要适合于我社有纸质图书但已没有排版文件的图书或使用方正书版 7.0 以下版本排版的版式文件的图书。

二、HTML 超文本标记语言

HTML 全称 Hyper TextMarkup Language，译为“超级文本标记语言”，是标准通用标记语言下的一个应用，也是一种规范，一种标准，它通过标记符号来标记要显示的网页中的各个部分。网页文件本身是一种文本文件，通过在文本文件中添加标记符，可以告诉浏览器如何显示其中的内容，如文字如何处理、画面如何安排、图片如何显示等。浏览器按顺序阅读网页文件，然后根据标记符解释和显示其标记的内容，对书写出错的标记将不指出其错误，且不停止其解释执行过程，编制者只能通过显示效果来分析出错原因和出错部位。但需要注意的是，对于不同的浏览器，对同一标记符可能会有不完全相同的解释，因而可能会有不同的显示效果。

20 世纪 90 年代，随着网络技术的应用和迅速发展，Internet 已经发展成为世界上最大的信息资源和全球范围内传播信息的重要渠道。WWW 技术有效地解决了不同平台的多媒体共享。超文本置标语言 HTML 是 WWW 上的通用语言，它是实现 Web 页的创建和发布的关键技术。但是，随着网络技术的发展，人们认识到 HTML 在使用中存在超链追踪易无效、缺乏严格的语法定义和对复杂结构的支持、信息重用、不允许动态更新等一系列问题，因此需要对 HTML 进行改进，这样便产生了新一代置标语言 XML。

三、XML 可扩展标记语言

XML 全称 Enxtensible Markup Language，可译为“可扩展标记语言”，是用于标记电子文件使其具有结构性的标记语言，可以用来标记数据、定义数据类型，是一种允许用户对自己的标记语言进行定义的源语言。

XML 与 Access、Oracle 和 SQL Server 等数据库不同，数据库提供了更强有力的数据存储和分析能力，如数据索引、排序、查找、相关一致性等，XML 仅仅是存储数据。事实上 XML 与其他数据表现形式最大的不同是:它极其简单。这是一个看上去有点琐碎的优点,但正是这一优点使XML与众不同。

XML和HTML都是标记语言。HTML是超文本标记语言,它是以特定的标记来描述文本、图像或数据等在屏幕上显示的格式,如文本使用的字体、字号、颜色等。并在相关的内容之间建立联系。其文件是以纯ASCII形式存放并可以用任何编辑器来编辑的。可以嵌入其他对象,如image、audio、video、javascript、vbscript等。它是通过URL定位资源器实现Web节点访问。HTML超链接思路使得用"鼠标点遍全球"成为一件非常容易的事情。这就是HTML之所以能够流行的原因。

与HTML相比,XML没有太多固定的标记,而是采用样式表描述规则的方式,允许用户根据需要自我创建自定义标记,创建的标记只需在样式表中利用规则说明其执行动作就可以了。这样,能更大范围地满足Web上日益增长的对多元化信息描述的要求。因此,XML大大丰富了HTML的描述功能,可以描述非常复杂的Web页面,如复杂的数学方程式、化学方程式等。XML在Web的应用,最大的受益者是网络用户。HTML只说明数据看起来应该是什么样,而XML则说明数据的涵义。

我社XML格式的重点是要对传统出版内容进行简化处理,即将海量内容经过深加工处理简化成有效、分类、有层次的内容,呈现出快速检索、满足市场个性化需求的多样化数字产品。我社XML元数据样例如图2所示,元数据是对整本图书属性和描述。

我社XML格式图书内容样例如图3所示。

XML适合于结构清晰,分类明确,层次分明的知识集合。它看上去如同数据库,如字辞典等工具书最适合采用XML格式。又如我社申报国家新闻出版广电总局改革发展数据库项目的"古近代与现代桥梁博物馆"中若能就"介绍""桥型""建设""人物""历史"等方面系统疏理、归纳总结形成层次分明的体系结构,则适合采用XML格式文件。我社词典类的XML格式发布结果如图4所示。

四、EPUB电子出版

EPUB全文Electronic Publication,可译为"电子出版",是一个自由的开放标准,属于一种可以"自动重新编排"的内容;也就是文字内容可以

根据阅读设备的特性，以最适于阅读的方式显示。EPUB 档案内部使用了 XHTML 或 DTBook（一种由 DAISY Consortium 提出的 XML 标准）来展现文字，并以 zip 压缩格式来包裹档案内容。EPUB 于 2007 年 9 月成为国际数位出版论坛（IDPF）的正式标准，以取代旧的开放 Open eBook 电子书标准。该开放格式已获得越来越多的终端厂商、平台开发商的支持和认可，他们已实际参与 EPUB 格式的应用。这对未来电子书格式标准的发展将起到举足轻重的作用。


```
- <book xml:lang="zh-cn" xmlns="http://docbook.org/ns/docbook" version="5.0" xmlns:xlink='
  SubNodeType="1" Caption="图书元数据">
  - <info SubNodeType="1" Caption="图书元数据">
      <title Caption="图书名称">海事法规汇编(2010)</title>
      <biblioid Caption="图书ISBN" class="isbn">978-7-114-09547-4</biblioid>
      <biblioid Caption="CIP号" class="other" otherclass="cip">第264475号</biblioid>
      <biblioid Caption="图书印次" class="other" otherclass="yinci">1</biblioid>
    - <authorgroup SubNodeType="1" Caption="图书编著">
      - <author role="主编" SubNodeType="1" Caption="主编">
          <personname Caption="姓名">中华人民共和国海事局</personname>
        </author>
      - <othercredit SubNodeType="1" Caption="责任编辑" class="copyeditor">
          <personname Caption="姓名">钱悦良</personname>
        </othercredit>
      </authorgroup>
    - <publisher SubNodeType="1" Caption="出版社信息">
        <publishername Caption="出版社">人民交通出版社</publishername>
        <address Caption="出版社地址">北京</address>
      </publisher>
    - <revhistory SubNodeType="1" Caption="版本">
      - <revision SubNodeType="1" Caption="版本信息">
          <revnumber Caption="第几版">1</revnumber>
          <date Caption="时间">2011年12月</date>
        </revision>
      </revhistory>
    - <abstract SubNodeType="1" Caption="内容简介">
        <para>无</para>
      </abstract>
    - <keywordset SubNodeType="1" Caption="关键字">
        <keyword Caption="关键字内容">①海...</keyword>
        <keyword Caption="关键字内容">①中...</keyword>
        <keyword Caption="关键字内容">①海事处理- 法规- 汇编- 中国-2010</keyword>
        <keyword Caption="关键字内容">①D993.5</keyword>
      </keywordset>
    - <releaseinfo role="cip" SubNodeType="1" Caption="CIP 信息">
        <alt>图书在版编目(CIP)数据</alt>
        <alt>海事法规汇编. 2010 / 中华人民共和国海事局编. — 北京: 人民交通出版社, 2011.12</alt
        <alt>ISBN 978-7-114-09547-4</alt>
        <alt>Ⅰ. ①海...  Ⅱ. ①中...  Ⅲ. ①海事处理- 法规- 汇编- 中国-2010  Ⅳ. ①D993.5</alt>
        <alt>中国版本图书馆CIP数据核字(2011)第264475号</alt>
        <alt>书    名: 海事法规汇编(2010)</alt>
        <alt>著作者: 中华人民共和国海事局</alt>
        <alt>责任编辑: 钱悦良</alt>
        <alt>出版发行: 人民交通出版社</alt>
        <alt>印    刷: 北京鑫正大印刷有限公司</alt>
        <alt>印    张: 32.75</alt>
        <alt>开    本: 880×1230  1/16</alt>
```


图 2 《海事法规汇编》（2010 年）XML 元数据描述

```xml
<?xml version="1.0" encoding="UTF-8"?>
- <chapter xmlns="http://docbook.org/ns/docbook" xml:id="a039">
    <title xml:id="a039.title">专题篇</title>
  - <sect1 xml:id="a040">
      <title xml:id="a040.title">第六章运输安全、节能与环保</title>
      <para>道路运输安全是政府部门关注的重点，制定合理的政策并实施有效监督是政府的基本职能。同时，运输能耗与环保问题已日益成为政府部门和公众的关注热点。</para>
    - <sect2 xml:id="a041">
        <title xml:id="a041.title">6.1运输安全</title>
        <para>①安全生产</para>
        <para>•事故情况</para>
        <para>2006 年，道路运输行业一次死亡3人以上道路交通事故起数、死亡和受伤人数三项指标全面下降，道路运输行业一次死亡10人以上的交通事故死伤人数呈现逐年下降态势，交通事故群死群伤恶性程度有所减弱。</para>
        <para>2006 年，全国道路运输行业共发生一次死亡3人以上的交通事故161起，造成1034人死亡、1817人受伤，同比2005年分别下降了12.5%、8.0%和5.1%。其中，一次死亡10人以上的交通事故30起，共造成432人死亡、402人受伤，事故起数与上年同比持平，死亡人数与受伤人数在2005年分别下降11.1%和14.7%的基础上，2006年同比再次分别下降了16.8%和 91.8%2004~2006年道路运输行业一次死亡3人以上的交通事故统计和2001~2006年道路运输行业一次死亡10人以上的交通事故统计分别见图6-1、图6-2。</para>
      - <mediaobject>
        - <imageobject>
          - <imagedata valign="middle" align="center" depth="1244" width="2663" fileref="../images/0067-1.jpg">
            - <info>
                <title>图6-12004~2006年道路运输行业一次死亡3人以上的交通事故统计</title>
                <pagenums role="bookpage">67</pagenums>
                <pagenums role="pdfpage">74</pagenums>
              </info>
            </imagedata>
          </imageobject>
        </mediaobject>
      - <mediaobject>
        - <imageobject>
          - <imagedata valign="middle" align="center" depth="1377" width="2537" fileref="../images/0067-2.jpg">
            - <info>
                <title>图6-22001~2006年道路运输行业一次死亡10人以上的交通事故统计</title>
                <pagenums role="bookpage">67</pagenums>
                <pagenums role="pdfpage">74</pagenums>
              </info>
            </imagedata>
          </imageobject>
        </mediaobject>
        <para>回顾2006年的运输安全生产形势，全年道路运输行业一次死亡10人以上的交通事故稳中有降，死亡和受伤人数均首次控制在500人以下。</para>
        <para>•事故原因分析</para>
        <para>从事故原因看，驾驶员因素所占比例继续下降，但驾驶员安全意识薄弱、安全知识匮乏、守法意识淡薄</para>
        <para>仍是诱发事故的最主要原因。</para>
        <para>在已查明的事故原因中，有73.7%的事故与驾驶员违章超载、超速、违章占道、违章超车、疲劳驾驶、操作不当等因素有关，造成的死亡和受伤人数分别占总数的76.3%和73.8%。因雨、雪、雾等恶劣天气诱发的交通事故占总数的19.4%，所占比例比2005年上升近9个百分点。因制动失效、爆胎、转向失灵等车辆技术状况不良造成的事故占总数的10.5%，所占比例同比下降4个百分点。在一次死亡10人以上的交通事故中，与车辆违章超速、违规超车、逆向行驶、违法占道和倒车以及驾驶员操作不当等因素有关的事故有26起，占总数的86.7%。其中，超速行驶引发的事故最为严重，占事故总数的30%。车辆机械故障导致的交通事故占事故总数的10%。2006年道路运输行业一次死亡3人以上的交通事故原因分析见图6-3。</para>
      - <mediaobject>
```


图 3　图书内容的 XML 格式

图 4　《公路技术词典》XML 格式发布结果

EPUB 具备良好的平台兼容性。其中文字内容可以根据阅读设备的特性调整到最佳的屏幕显示效果。同时，作为一种基于 XML 的文件格式，EPUB 文件允许出版商相对容易地转换成其他终端格式，并支持数字

版权加密管理(DRM),适用于手持阅读器等终端设备。近年来,随着索尼、谷歌、苹果等大型 IT 公司宣布其产品支持 EPUB 格式,该格式的国际影响力不断加强,业已成为国际电子书格式的通行标准。

国内很多数字出版机构已经认识到开放式格式的重要性,国内的方正、超星等公司也采用了它。EPUB 对多数文档的图片格式均具有版面解析及快速缩放功能。EPUB 3.0 新规范更广泛的适应出版物的需求,包括复杂的页面布局、丰富的媒体形式及各种交互性的展现等功能。

从用户对内容资源和阅读终端多样化的选择需求,以及众多出版社(内容提供商)期待降低数字出版进入门槛等行业共识看,统一开放的电子书 EPUB3.0 格式标准是大势所趋。

我社 EPUB 格式样例如图 5 所示。

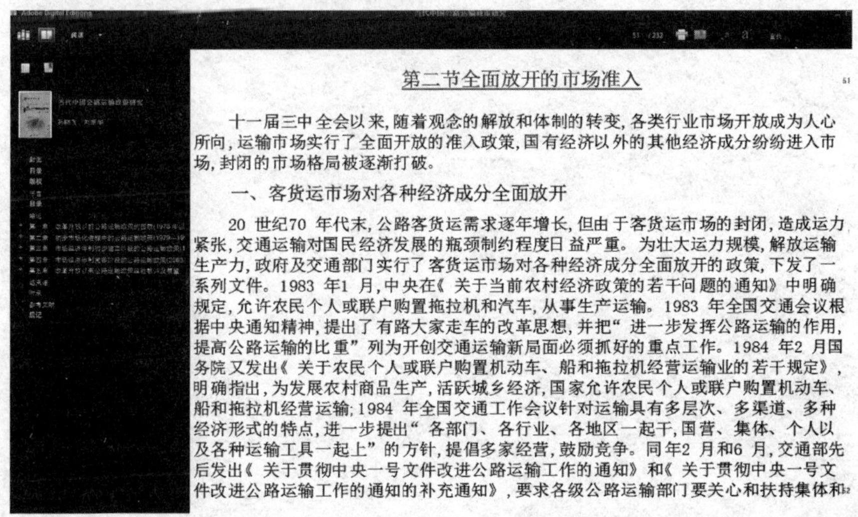

第二节全面放开的市场准入

51

十一届三中全会以来,随着观念的解放和体制的转变,各类行业市场开放成为人心所向,运输市场实行了全面开放的准入政策,国有经济以外的其他经济成分纷纷进入市场,封闭的市场格局被逐渐打破。

一、客货运市场对各种经济成分全面放开

20 世纪70 年代末,公路客货运需求逐年增长,但由于客货运市场的封闭,造成运力紧张,交通运输对国民经济发展的瓶颈制约程度日益严重。为壮大运力规模,解放运输生产力,政府及交通部门实行了客货运市场对各种经济成分全面放开的政策,下发了一系列文件。1983 年1 月,中央在《关于当前农村经济政策的若干问题的通知》中明确规定,允许农民个人或联户购置拖拉机和汽车,从事生产运输。1983 年全国交通会议根据中央通知精神,提出了有路大家走车的改革思想,并把“进一步发挥公路运输的作用,提高公路运输的比重”列为开创交通运输新局面必须抓好的重点工作。1984 年2 月国务院又发出《关于农民个人或联户购置机动车、船和拖拉机经营运输业的若干规定》,明确指出,为发展农村商品生产,活跃城乡经济,国家允许农民个人或联户购置机动车、船和拖拉机经营运输;1984 年全国交通工作会议针对运输具有多层次、多渠道、多种经济形式的特点,进一步提出“各部门、各行业、各地区一起干,国营、集体、个人以及各种运输工具一起上”的方针,提倡多家经营,鼓励竞争。同年2 月和6 月,交通部先后发出《关于贯彻中央一号文件改进公路运输工作的通知》和《关于贯彻中央一号文件改进公路运输工作的通知的补充通知》,要求各级公路运输部门要关心和扶持集体和

图 5　EPUB 格式

以上是 4 种常用数字出版格式的简单介绍和优劣分析,我社应根据终端用户的需求和推送产品形态,分析、归纳、整理我社所能提供的内容资源,建立好低层的数据关联体系,选择适合的数字出版格式,有些资源也可以采用多种格式并存的方式。

总之,不论传统出版还是数字出版,出版市场从来都是内容为王。我们在资源建设中应当摸清家底,保存好素材,做好分类,制定规范,制作好原数据,深度挖掘内容数据并分析数据,做好各专业的标引工作,数据库

产品不仅要保证内容齐全、权威，产品还须体现、发挥数据库的功能特点，不应仅限于电子书库的形式，应着力打造交通专业知识库的知识关联体系，把底层技术做实。最终根据用户需求确定产品是泛还是精，是 e－book 还是 APP，是做 B to B 还是做 B to C，选择合适的路径以达到我社数字出版新的发展阶段。

注册考试类图书选题策划案例分析

刘彩云　陈志敏

一、我社注册结构/岩土考试类图书基本情况

我社注册结构/岩土基础考试丛书一套四本自 2003 年出版以来，至今，教程已修订再版至第七版，习题集为第六版，在考生中享有较好的口碑和市场占有率。第七版的结构、岩土复习教程自 3 月下旬出版，至 5 月中旬，合计销量约 1 万套，较 2012 年同期销量，结构教程有较大提升，而与之配套的复习题集均保持良好销量。

因 2013 年的销售数据尚不完整，现将 2012 年全年结构、岩土教程及其配套习题集的销量及码洋情况汇总，如表 1 所示。与 2011 年的情况进行对比，均有近 45% 的提升。

2012 年结构、岩土教程销量及码洋　　表 1

书　名	销量	发书码洋(万元)	发书实洋(万元)
注册岩土工程师执业资格考试基础考试复习教程(第六版)	12239 套	199	132
一级注册结构工程师执业资格考试基础考试复习教程(第六版)	6507 套	101	68
注册岩土工程师执业资格考试基础考试复习题集(第五版)	7145 册	52	34
一级注册结构工程师执业资格考试基础考试复习题集(第五版)	5628 册	40	26
合计	31519	392	260

注册类图书近两年超乎寻常的销售表现必定有其内在背景,值得关注,我们于2012年年底和近期集中时间进行了调研分析。

二、调研情况总结

(1)注册工程师制度处于过渡期以及正式开始执业的临近,注册工程师"含金量"十足,以及研究生数量众多并大多报考基础考试,引发近两年此类考试井喷式的增长。

(2)据2012年专门针对读者需求和读者复习用书的调查,发现此类图书存在如下问题:①复习资料针对性差,影响复习效果;②内容错误较多,品质堪忧;③品种单一,有些考试缺乏优秀复习备考教材。

(3)销售特点明显。主要表现为:

①图1和图2分别为2011年、2012年岩土教程的出库曲线图,为春节后的2~3月份和考试报名期间的6~7月份,是明显的两个销售高峰。

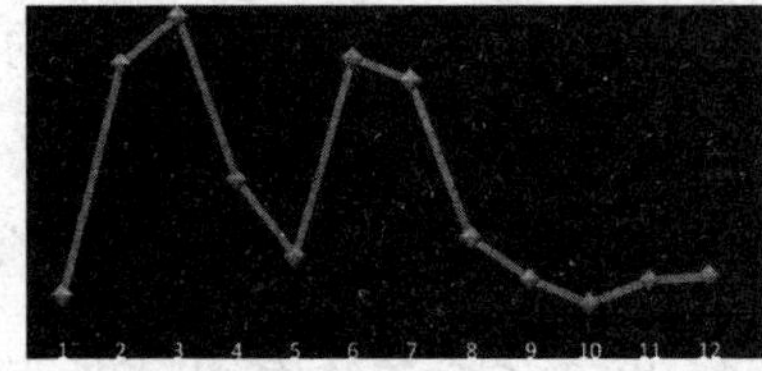

图1　2011年岩土教程出库曲线图

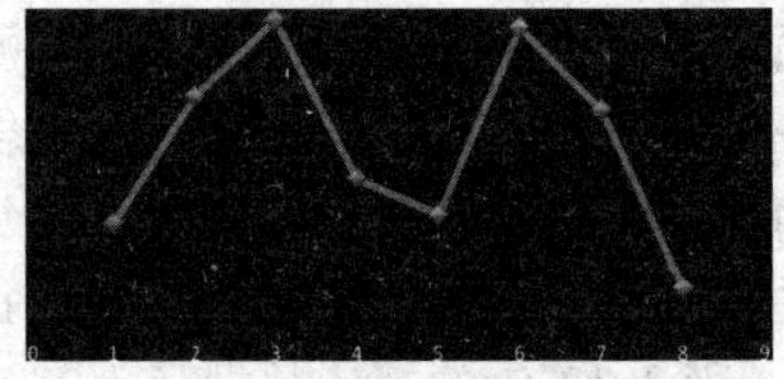

图2　2012年岩土教程出库曲线图

②网店是销售的主力军。2012年1~8月份岩土教程通过网上书店购书为6850册(当当网4176册,卓越网2674册),占比近70%。

三、注册考试类图书的选题开发情况及营销思路

(1)抓住当前有利时机,更多开发注册考试类图书。土木中心在已有产品的基础上,2012年新增注册测绘师、水利水电工程师、环保工程师、设备工程师、电气工程师等考试复习用书8种,截至2013年5月底,已出版7种。随后结合已开发选题,合理增加配套图书2种,计划于2014年年初出版。

(2)配套数字产品,提供立体服务。

(3)通过各种手段,确保图书质量,如要求作者、编辑严控编写、出版

环节，利用各专业 qq 群搜集读者反馈，及时更正错误，提高再版图书质量，等等。

(4)把握上市时间，实现最佳销量。

(5)做好营销宣传、针对性销售和网店销售工作，同时避免无谓配书及退货。

四、注册考试类图书数字出版的构思

考试类复习材料的提供，目前比较理想的方式是纸质图书 + 数字产品。对于注册考试类图书的数字产品，我中心已于年初组建“注考网”(又称注考 BBS)，适合提供并能逐步实现的数字产品形式如下：

(1)真题库。在线做题，提供参考答案和详细解析。对于解析，可根据试题的难易，提供文字解析或者微视频。真题的来源为已出版的纸质图书，对书中的真题进行拆分，依据需要重组试题，供考生练习。

(2)在线培训。依据考试大纲，提供考试所需的在线培训视频，视频的课时数和授课形式需要符合注考类考生的具体情况和学习习惯。

(3)答疑。分在线答疑和线下答疑两种，并依据问题的典型性，将精华帖进行整理、编辑、出版。

为了实现数字产品的有效送达，还需要开展如下工作：

(1)提供手机版。手机版是网络版的补充，主要是为复习时间紧张而需要见缝插针学习的考生服务，内容主要是记忆性素材。

(2)qq 群、论坛、微信的关联互动。通过多种渠道，与考生保持常态化联系，推送相关考试信息和重要资料，提升产品的知名度。

教材开发过程中数字化产品开发与应用

张　强

一、总　论

在信息技术环境下，教学模式将不断地发生着变化。新型的教学模式，一方面应反映现代的教学理论和先进的教学思想，另一方面离不开信息化的教学环境、教学系统和教学资源（如多媒体教室、网络资源等）。这就要求出版社在教材开发过程中要充分利用数字信息技术，开发数字化产品作为补充和扩展。它们既要能够体现"教"与"学"结合及学生"自主学习、协作学习、探究学习"的思想，又要能够体现教学资源的丰富性、开放性和共享性，为教师组织教学活动，以及学习者主动学习、获取知识提供方便的条件。它们能够将知识、资源和信息技术平台有机结合起来，为教师和学生提供动态的、交互的、可非线性检索的教学资源。

目前，出版社主要是在传统内容的基础上，利用新的数字技术，开拓新的阅读需求市场；在突破了原有出版物介质形态的同时，对传统出版物内容资源开展进一步挖掘，对阅读功能做出进一步延伸。按照不同服务对象，教材开发过程中开发出的数字化产品可分为"助教型"和"助学型"。

二、"助教型"数字化产品

"助教型"数字化产品，即为方便老师教学开发出的数字化产品，其主要形式为多媒体课件（"助教型"课件）。"助教型"课件利用多媒体技

术将教学重(难)点形象化、生动化和浅显化,促进学生对所学知识进行理解和掌握。多媒体技术是一种把文本、图形、影像、动画和声音等信息形式结合在一起,并通过计算机进行综合处理和控制,能支持完成一系列交互式操作的信息技术。利用这种信息技术,可以将知识的表达多媒体化。图文并茂、丰富多彩的知识表现形式,不仅可以有效地激发学生的学习兴趣,同时也可以提供多种感官的综合刺激,增加获取信息的数量,延长知识的保持时间,掌握更多的知识。"助教型"课件的开发需要注意以下几个方面的问题。

1. 选题原则

传统教学方法不能充分体现的内容,或者教学实验危险性大、难度大,或者带有演示性的非主干类课程适于配备"助教型"课件。"助教型"课件的选题应把握以下几个原则:

(1)有利于提高教学效率。

(2)有利于发挥现代媒体技术的优势,如在讲授《汽车材料》课程时对于拉伸试验可采用动画的形式。

(3)有利于培养学生的综合素质,如增加教学互动、能力拓展等方面的内容。

(4)有利于发挥教师的创造性,如教师可以自行修改课件、组织课堂教学等。

(5)在技术、经济、效益上具有可行性。

2. 需求分析

需求分析,包含两个方面的含义:实际教学中学生是否需要;教师对课件有些什么要求。"教师对课件的要求"是课件开发的重要依据。如果不注意这点,由此造成的直接后果是教师放弃使用该课件,最终将放弃使用该教材。这对于出版社来说是极大损失。所以,明确教师对课件的需求是提高产品质量的有力保证,此外也可以明确开发者的责任,最终作为课件的验收依据。

3. 选择制作者

理论上,课件设计的过程是学科教学专家、教学设计专家、多媒体素材制作专家、多媒体软件制作专家以及出版社等通力合作的一个过程。

但在课件的实际制作中，限于人力、财力等困难，我们很难达到此要求。例如，人民交通出版社为汽车“高等职业教育‘十二五’规划教材”的全部教材及“21世纪交通版高职教材”的主干课程配备了“助教型”课件，受到了老师的欢迎。但是，这些PPT的质量良莠不齐。有的PPT制作精美、内容丰富，能够极大程度弥补纸质教材的不足，满足教师的需求，有效提高教学质量；也有的PPT粗制滥造，无法起到上述效果。因为，这些PPT基本上由教材主编或者参编人员制作，有的作者在思想上不够重视，或者资料有限，制作水平低，制作出的PPT不能满足我们的要求；而具备PPT制作能力的单位或者个人又对教材不熟悉，也无法制作出优质的PPT。这就需要编辑选择好PPT制作者，对于那些确实无法制作出高质量PPT的作者，可由第三方制作，但在制作过程中，要注意作者、编辑、第三方进行充分沟通，确保PPT质量。

4. 选“料”

要开发出高质量的多媒体课件，必须要合理地把握课件制作中的教学性、技术性、艺术性、交互性和操作性及它们之间的关系，如图1所示。这就需要查阅大量资料，包括：教学计划、教学大纲，教材、教学参考书，教学法；各种技术参考书，各种工具的使用说明书，网站资料等；充分利用文本、动画、声音、图像、影像等手段，以实现最佳教学效果。

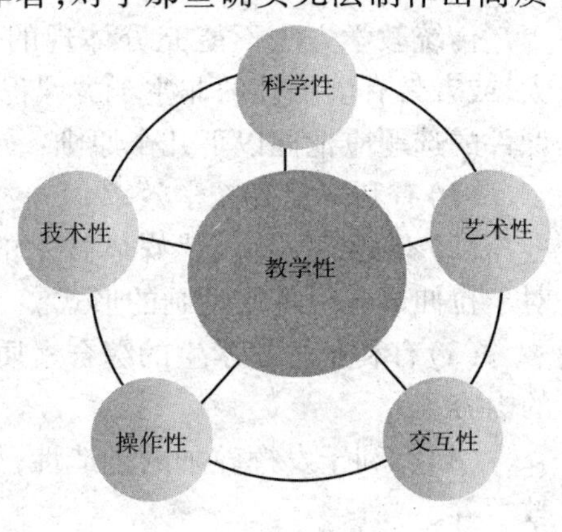

图 1

三、“助学型”数字化产品

“助学型”数字化产品即为方便学生学习开发出的数字化产品，其主要形式有光盘、网络资源等。

1. 光盘

通常光盘是和纸质教材一起捆绑销售的。目前，人民交通出版社汽车“高等职业教育规划教材”中，《汽车底盘构造与维修》（第二版）、《汽

车发动机构造与维修》(第二版)等主干课程教材即配备了教学光盘。这些光盘是人民交通出版社与软件公司合作开发的,它不是对纸质教材的简单补充,而是以更具视觉、听觉冲击力,更具强烈立体感染力的形式,生动地传授知识,更适合于文化的积累、传承、开发和普及,而且具有价廉物美、内容丰富、信息量巨大、载体新、科技含量高等特点,深受读者的喜爱。开发光盘需要注意以下几个方面的问题:

(1)在策划教材之初,就要确定是否随教材配备光盘。总的来说,表现方式丰富、交互性强、信息容量较大的选题,适宜于使用光盘。

(2)在策划过程中,就要充分考虑电、光、磁介质载体的特殊之处,进行综合策划,以实现纸质教材与光盘完美结合;电子出版物的载体有一定的额定容量,因而选题的内容信息量也有一定的限制。

(3)积极寻找能与出版社实现优势互补的光盘制作商。在光盘制作过程中,编辑要对该选题运筹帷幄并发挥自己的专业优势,指导光盘制作人员工作;要掌握好光盘制作的进度,使其与纸质教材的进度同步。

2. 网络资源

现代教育提倡个性化学习,不受时间和地点限制的学习,主动式学习和终身学习。在提供传统纸质教材的同时,各出版社都在为教学提供延伸服务,出版社已然变成教学资源提供商。其特点是与纸质版图书同步发行,读者在购买纸书的同时,即可获得延伸服务,即出版社提供知识点素材、拓展资料与讲座、高仿真模拟试卷与实验等(图2)。网络资源可以是免费的,也可以是付费的。各种发行量大的教材都适合配备网络资源,尤其适用于内容艰深、难以理解、课后需要复习巩固的课程。开发网络资源与开发多媒体课件需要注意的问题大多相似,但也有其特殊之处。

(1)选题原则

①有利于提高学习效率。

②有利于发挥网络的优势,如进行互动,大量采用视频动画、动漫等。

③有利于培养学生的综合素质,如进行情景模拟教学、试验等。

④有利于发挥学生的主观能动性,如采用强制在线学习、在线测评等形式。

⑤在技术、经济、效益上具有可行性。

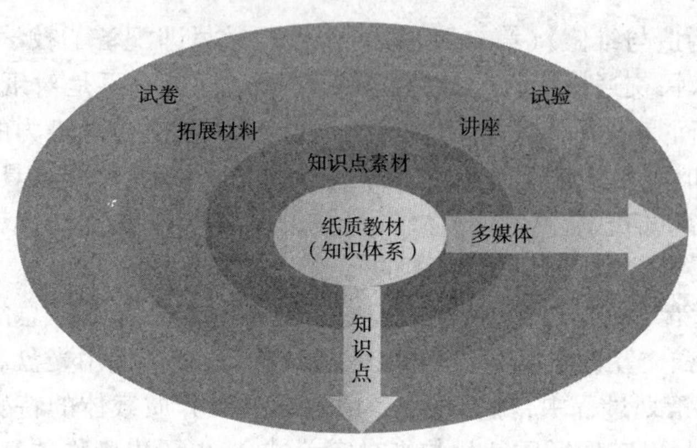

图 2

(2)进行需求分析

鉴于国情,出版社要充分考虑学生的需要,但也不可忽视教师对网络资源的要求,这是网络资源开发的重要依据。如果不注意这点,由此造成的直接后果是学生放弃使用该网络资源,教师放弃使用该教材。这对于出版社来说是极大的浪费。所以,明确学生对课件的需求及教师对网络资源的要求是提高网络资源质量的有力保证,此外也可以明确开发者的责任,最终作为网络资源的验收依据。

此外,这一环节还要充分考虑教材的性质、发行量、读者需求、效益等,以确定网络资源的形式及内容,如是否收费、如何收费、有无互动等。

(3)控制传输带宽并加密

网络资源在最大传输带宽方面受到一定限制。所以,编辑策划选题时要考虑控制最大传输带宽,以免用户等得不耐烦或通道堵塞,从而充分利用网络海量空间的优势,设计出丰富多彩、内容巨细兼备而使用又十分方便的互联网出版选题。另外,要选择确定好加密手段。

四、数字化产品的应用

数字化产品不仅能用于推广纸质教材,而且能用于开发高质量的纸质教材。如“高职高专工学结合课程改革规划教材”中的《汽车维修服务企业管理软件使用》及《机动车保险专用软件使用》便是依托北京运华天地科技有限公司生产的软件而开发的教材,该公司还充分发挥了其软件

开发优势，为其配备了质量较高的 PPT。此外，可以以出版社为主导，出版社、软件公司、编写团队三方倾力合作，开发出图文并茂、易教易学的教材。

五、结论与展望

为应对日益激烈的竞争，出版社已不能仅仅作教学资源提供商，而要做高校教学的领跑者。除了提供 PPT、高仿真试卷、在线测评等教学资源作为延伸服务外，出版社要设计教学，并通过名师教学示范、PPT 设计比赛、在线教学交流、教材使用培训、构建试题库以自动生成试题等，打造以读者为核心的立体化教材，为读者（包括教师、学生）提供全方位的服务，如图 3 所示。

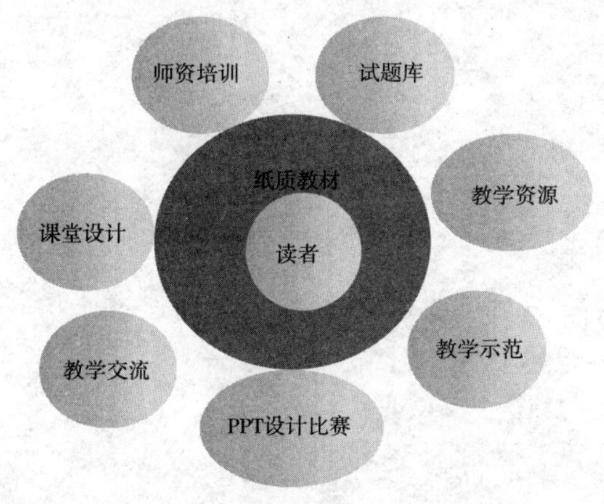

图 3

“高校教材的数字化是大势所趋”。为应对高校教材数字化这场革命，出版社可以借鉴以下三种形式尝试着开发一两门主干课程教材：

第一种形式是出版公司和阅读器电子公司合作。例如，皮尔森教育集团的 Addison Wesley 公司已向芝加哥的 go Reader 公司提供 134 种共 13 500 本计算机、数学、经济学类大学教材，go Reader 公司正在将这批图书制作为电子图书，和它的电子阅读器一并投入市场；第二种形式是在线出版学习模式，即出版公司和网络公司合作。例如，麦格劳 · 希尔教育公司与 Wize Up 合作出版的网络数字化教材，学生可以在 Web 网站上通过输入用户口令阅读到这些书；第三种形式是手机游戏模式。出版公司在纸质书基础上，融合技术与内容，变身出读者可以与之互动、可体验的电子图书。如接力出版社出版的少儿电子书《瓢虫和森林》，读者可将此书下载至智能手机上，在阅读时可以与书中的人或物互动，极大提升了读者的兴趣及理解的难易程度。

“湿营销模式”在专业图书营销中的应用

杨　川

一、当前专业图书营销的现状分析

对于传统出版业中的专业出版社来说，目前所采取的主要营销模式是传统营销和网络营销，但是这两种营销模式随着社会的进步和网络技术的快速发展，都逐渐暴露出各自的不足。

传统营销由于受时间和空间的限制，只能局限在盲目配发、店面打折、买赠优惠等少数几种单一、死板的销售手段，再加上在实际配发和销售过程中，由于终端销售网点对目标读者群体了解不清楚以及社店之间信息沟通不畅，造成图书供给和需求之间脱节，读者不能得到满意的图书，出版者也无法生产出读者真正需要和乐于接受的图书产品，从而导致专业图书出版单位既得不到消费者的需求信息，也无法获取较为准确的图书预期销量，使专业图书出版陷入一种盲目的状态，最终使图书出版陷入僵局。鉴于传统的专业图书营销模式暴露出来的种种弊端，它已不能满足现代专业图书出版的需求。

随着互联网的发展及网络通信技术的提高，利用数字化信息和网络媒体的交互性来实现营销目标的新型市场营销模式应运而生，并且伴随着网络化的飞速发展，网络营销已逐渐成为图书市场营销的重要组成部分，专业图书营销也不例外。但由于网络营销难以量化，且短时间内不好评判网络营销的效果，使大部分图书出版单位对图书网络营销的重视程度不够；虽然也有一些出版者开始尝试利用博客、微博等交互平台进行网络宣传和营销，但却仅停留在利用这些网络媒介进行单向的新书出版信息发布，不能真正实现与目标读者群体有效的交流互动，也难以获取读者的使用需求和承受能力，更不能针对目标读者的实际需求进行整体图书规划，针对性地解决出版者和读者之间的沟通障碍。因此探索更加深入的网络营销模式迫在眉睫。

二、湿营销的概念

2009 年 11 月，在第六届年度创新营销峰会上，著名专业营销媒体《成功营销》杂志与 800 多名营销专业人士共同探讨“打开营销新‘湿’界，创新下的营销跃升”这一主题，并在 2009 年第 8 期封面文章中首次提出了“湿营销”的概念，此后这一概念迅速在营销世界中得到广泛的传播和认可。

所谓“湿营销”，是指借由互联网上的社会性软件聚合群体，以温和的方式将其转化为品牌的追随者，并赋予消费者力量，鼓励他们以创造性的方式贡献和分享内容，影响商家的新产品开发、市场调研、品牌管理等营销战略。

“湿营销”的概念，是在对当前的营销主体——消费者的行为特点进行深入分析和研究的基础上得到的。进入互联网时代的消费者正处在一个信息过剩的环境中，面对充斥眼前的成千上万种选择，消费者反而更加无从选择，于是他们开始逃避。信息爆炸的时代带给消费者的已经不再是便利，而是困惑！相比起在浩瀚的信息瀑中选择自己中意的产品，消费者现在更倾向于躲在自己熟悉、信任的小圈子中，对自己信得过的家人、朋友、同事、网友等推荐的东西进行甄别和选择。在这里“湿”被定义为有情感的、自发的、个性的、符合人群本质需要的行为方式，而不是传统干巴巴的生硬的买卖关系，于是“湿营销”的出现可以给需要的人更多的帮助，让不需要的人免于被打扰，从而获得最好的营销效果。这种消费行为和营销行为为专业出版者提出了一个新的课题——如何对专业图书进行湿营销，怎样使专业图书的营销适应越来越湿的消费读者群体。

三、专业图书的湿营销模式探究

由于湿营销具有参与性、全民性和病毒性的特点，互联网的发展使当前的消费者从单纯的信息接收者变成了接收和发布信息的完全参与者，

并且任何人、物、话题都能够成为网络上群体聚合的原因,而且通过这种聚合使得用户分享的信息更快、更多、更全。

专业图书出版社由于专业的受众面相对较窄,使专业图书的读者群体相对固定,而且网络上的博客、论坛、微博、QQ 等小圈子聚合起来更加容易,从而使专业图书出版更加适合湿营销这种全新的网络营销模式。专业图书出版单位通过跟这些固定的读者群体建立起直接的联系,形成良好的沟通与互动,为他们提供针对性的图书出版,并解决他们在图书使用过程中的问题,使图书销售向内容传递和提供服务过渡,让目标读者参与到图书策划和内容选择等上游生产环节中来,最终通过这些行为实现贴心的定制化专业图书出版,极大地满足读者的需求。这样,出版社的品牌效应会逐渐建立起来并得到放大,吸引专业领域一大批的品牌追随者,从而使网络营销越来越"湿",开辟出一个专业图书营销的新时代。

"湿",即湿润,湿营销的过程是一个逐渐浸润渗透的过程,要实现湿营销的最终目的,出版者必须以长远的目光从全局考虑,对自己所在的专业领域和专业的目标读者群体有一个深入的了解,通过掌握读者的内容需求,吸取他们创造性的意见和建议,为之提供真正的专业问题解答和各种到位的专业服务,改变读者对传统出版者的理解,取得他们对专业出版者的信任。

有意识地逐渐凝聚起专业领域的网络群体,包括当下流行的微博、博客、QQ、人人网等互动平台,积极参与到这些群体中并取得群员的信任,因为每个网络社区群体都会有意见领袖和品牌追随者,出版者就要在取得群员信任的基础上扮演其中的意见领袖,善于引导群成员就专业需求和解决方案等进行讨论。出版者通过这些群体可以吸收读者的意见建议,提供读者需要的服务,同时解决了策划和营销两方面的难题。

如此进行专业图书营销,既可以解决目标群体不明、盲目出版的问题,又能为目标读者提供切实的需要,重要的是通过这种湿营销的行为,使目标读者建立起对出版社的信任和品牌追随意识。通过湿营销的过程来指导专业图书出版,建立起专业出版的新模式,达到专业图书出版者和目标读者"双赢"的新局面。

四、结　语

综上所述,针对当前专业图书营销中出现的各种问题,湿营销的出现为新形势下的专业图书营销提供了一个全新的思路，也顺应了时下定制化产品生产和多方位服务的趋势。与此同时，成功的湿营销不但可以避免数字化出版对传统专业图书出版的冲击，还能与专业图书的数字化出版相辅相成，相得益彰。

传统出版单位怎样才能成为数字出版的主角

邓晓磊

如果传统出版单位只是将纸质书转换为电子书；

如果传统出版单位在数字出版上没有突破传统出版运作的模式创新；

如果传统出版单位没有相关的人才激励机制及人才；

如果传统出版单位没有数字化的产品创新。

以上种种都是现实的话，要想数字出版形成一个良性的运营模式，为传统出版单位构建创新的业务模式及利润增长点，似乎只是天方夜谭——那数字出版也就真的不能赚到钱！

下面是——

据总署官方网站对数字出版产业市场的一些数据统计，2009 年我国数字出版产业的产值达 799.4 亿元，比 2008 年增长 50.6%，产业增长率继续保持高增长速度。其中数字期刊收入 6 亿元，电子书收入达 14 亿元，数字报（网络版）收入达 3.1 亿元，网络游戏收入达 256.2 亿元，网络广告达 206.1 亿元，手机出版（包括手机音乐、手机游戏、手机动漫、手机阅读）则达到 314 亿元。网络游戏、网络广告和手机出版成为数字出版产业名副其实的三巨头。

看到上面的数字，传统出版单位会经历一个振奋、疑惑、豁然开朗、悲观的心路历程。振奋的是 799.4 亿这个数字，而且还在大幅增长，前途无量。想想国内有几家出版集团的产值过百亿、出版社的产值过 10 亿？疑惑的是每年从方正、知网等运营商获得的分成比例却少得可怜（在出版社业务体系上几乎忽略不计），豁然开朗的是原来网络游戏、网络广告和手机出版才是数字出版产业主要市场点，而这三个基本跟传统出版机构没有关系。同时20亿元的数字期刊及电子书收入也主要由知网、方正、中文在线等公司获得。这么多传统出版单位以及数字期刊、电子书的内容运营商仅分享20亿的蛋糕，就是这样20亿的市场主导权也把握在内容运营商的手中（当然他们也有相当的运营成本），可想而知我们的传统出版单位能从中分出多少羹。

获取源源不断的利润是一个产业良性运转的基础，数字出版产业也是如此。而一个产业最终发展起来的核心无非就是满足广大人民群众的需要，并以合理的方式获取相关的收益。而实现的具体方式就是在数字化时代、互联网时代、移动终端的时代提供数字化的内容产品服务于我们的广大人民群众，这是广大人民群众在这样的时代的现实需求。

首先以数字期刊、电子书为例来看看国内现在数字出版整个产业的现状，我们知道从商业模式的角度有B to B及B to C两种模式，国内的数字出版产业（如数字期刊、电子书）实际的市场规模（20亿）主要是通过B to B模式实现的。大学图书馆、部分大企业、行业及专业机构是支撑这个市场的主体，尤其是大学图书馆。现在的大学图书馆不光采购纸质期刊、图书，还大量的采购数字化内容数据库。由于大学中的老师、学生有科研及撰写论文的需要，所以通过内容数据库查阅文献的需求很大。大学图书馆采购数字化内容资金分配一般优先考虑国外数据库平台（如Sciencedirect、SpringerLink等），次之是同方、万方这样的国内期刊全文数据库，最后是电子书数据库。投入的资金比例也是依此顺序，其中电子书数据库更是增加馆藏图书量的一种好的方式。毕竟纸质图书很贵而电子书又相当便宜，可以在减少投入成本的基础上增加馆藏图书量。电子书的另外一个市场是中小学，在国内中小学的基数很大，对数字图书馆有一定的需求。中文在线的中小学数字图书馆项目是中文在线的主要赢利点。但是整个电子书的B to B市场还是有限的。也就是机构用户的主力——大学图书馆每年预算都是有限的，同时每年新增的电子书品种也不会像电子书市场刚开始发展的时候那么多，这样的国内市场注定不会很大。

整个数字出版（如数字期刊、电子书）的B to C市场（除了盛大1亿元左右的营业规模［2009年］的市场外）几乎就没有真正做起来过，市场告诉我们似乎没有哪个用户会花钱在网上看一本电子书、一本电子期刊，再加上盗版的无孔不入，想利用这个模式让电子书、数字期刊形成商业模式，只能说存在理论的想像。现在通过移动终端——手机、电子书阅读器

提供终端+网上书城以及更加灵活的付款方式,是否能打开个人用户这样一个海量的市场,我们还将拭目以待。不过对于一些大众类、卡通等这些特定的大众阅读的内容,通过移动终端以长尾的模式及移动运营商的销售方式机会应该很大。

B to B 还是 B to C 仅仅是数字化时代商业模式的描述方式,但万变不离其宗,核心就是要满足用户的需求,让用户愿意用你的产品,并且为此付钱。

我们经常听到传统出版单位的领导及业内权威人士讲:"数字出版是出版业的方向,但是不赚钱啊!","不做数字出版是等死,做了是找死"等等。总之大家都觉得数字出版似乎成了"鸡肋"。

但是一直以来传统出版机构都做了哪些工作,却没人仔细思考。当然如果仅仅还是依托方正 Apabi、中文在线等等这样的内容运营商以提供电子书文件及版权的方式,而不是策划出符合互联网运营模式的数字化产品提供给相关用户,自然无法获得可观的收益。

数字出版是为了将飞速发展的互联网技术、计算机技术与传统出版业务结合,并形成生产力的一种创新模式。在当今这个互联网、数字化的时代,广大人民群众也迫切需要相关形式的内容产品,传统的出版单位只有生产出满足这个时代需要的产品并应用创新的运营模式,才能赚到钱。如果仅仅是把纸质期刊、图书转化成一本简单不能再简单的数字期刊、电子书(期刊、书这些都是在纸质媒介时代的内容产品。随着科技的发展、时代的演进出现了电子期刊、电子书这些从形式上模仿期刊、图书数字化内容产品)放到网上去就赚到钱,这也未免太容易了。想想看我们传统的图书要经过市场调研、选题策划、约稿、编辑加工、校对、印刷、装订、再发行出去,经历这么多工序才能获得收益啊!

数字化、互联网的内容产品也需要像传统出版物那样严谨的精耕细作,生产出真正的数字产品来,并按照数字化、互联网的运营模式运作才能实现真正的收益。

其实传统的出版单位进入数字出版产业并形成运营模式有着得天独厚的优势:本身就拥有大量的用户群、有在相关行业的品牌知名度、有相关专业的内容优势、有专业的内容创作者——作者群等,所以对于传统出版单位来说,需要发挥好这样的优势并与传统出版运营模式相结合,用创新的方式开发产品、形成新的运营模式。

传统出版单位要真正把数字出版作为一个重要的业务,创新的机制是前提、是根本。而机制涉及的问题包括:是否设立独立的数字出版业务运营部门(比如数字出版中心),该部门在企业中的定位是什么,整个部门的架构设计是否科学,业务是不是有灵活的运营思路、激励机制,怎样确立数字出版在传统出版机构中的地位,与其他业务部门的利益分配关系等。

根据国外出版企业的在数字化运营方面的经验,总结如下:

(1)设立独立运作、统一管理出版机构内容的的数字出版部门,整合出版机构内所有内容资源,设计数字化产品并独立运营,在利益上与内容所属的编辑部进行分成,这样也可以调动编辑部参与数字化产品设计中的积极性。

(2)部门结构分为:产品中心、市场营销中心、技术支持中心、资源管理中心(资源加工外包)。其中以产品为核心部门,由产品中心驱动产品设计、运营(充分借鉴专业互联网公司的运营方式)。

(3)在运营思路上,以出版机构本身面向的用户为核心,以专业化的互联网及数字化产品为导向,形成线上、线下的专业服务模式,专业的服务于相关行业中的机构及个人用户。可以以专业机构用户为突破口,然后扩大到专业个人用户。

(4)以创新的人才激励机制,引进服务于软件公司、互联网企业的专业运营、产品、技术人才服务于传统出版机构。

(5)在赢利模式上,以创新的思路突破传统出版单位的单纯“卖内容”的模式。融合专业增值服务、行业的网络广告、电子商务等获利模式。

(6)在资金来源上,更加多元化,除了传统出版单位的先期资金投入,可以获取国家相关的文化产业创新基金支持,到一定阶段可以考虑吸引社会上的创投基金(包括上市融资等)。

从微观产品角度,图1是一个简单的互联网、数字化产品的设计及产品运营规律的模型。

可以看到传统出版单位需要寻求数字化产品开发的创新模式(自己原有业务模式的基础上)。只有踏踏实实遵循产品开发及运营规律才能真正成为产业的主角。

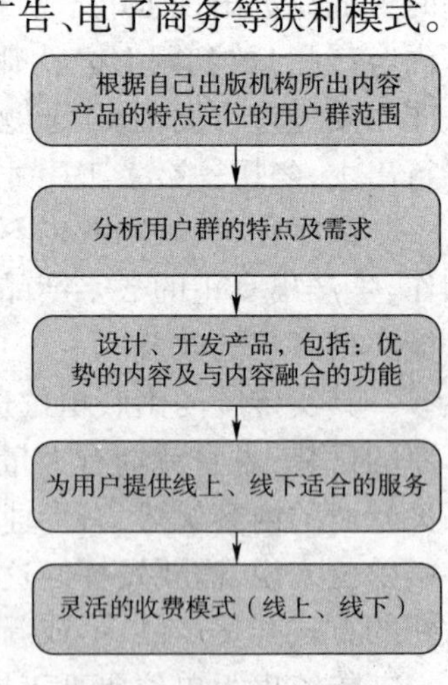

图 1

互联网、计算机技术日新月异的高速发展为传统的内容生产企业带来了巨大的挑战与机遇，积极迎接这样的时代，由传统“卖纸书”转变为全面服务于相关行业的专业信息内容服务商是传统出版单位进一步发展的必由之路。随着模式转变的不断实现，赚钱就不再是镜中花、水中月了。

编辑加工与加工编辑

——编辑加工工作心得

周　凯

一、编 辑 加 工

编辑加工,是对已决定采用的稿件再次从各个方面进行审核并作修改润饰和规范化处理的活动,即对决定采用的稿件,必须进行整理。编辑加工同时具有保证图书质量、体现编辑综合素质、实现编辑文化价值等作用。

整体上,在编辑加工过程中,应注意以下基本原则:

(1)尊重作者。这主要体现在尊重作者的学术观点,当作者的观点与编辑存在差异时,编辑应与作者及时沟通、协商解决,而不是自作主张;尊重作者的风格,避免按照自己的好恶去加工稿件。

(2)修改有据。编辑一般拥有相关专业的背景,这使得他们能对本专业的稿件提出更加专业、切实的修改意见。但对于加工过程中的修改,一定要有充分的依据,切忌无知妄改。

(3)尺度适当。在编辑加工过程中,我们面对大量的稿件,而每一本稿件的表述方式也不尽相同。对此,我们应该明确,只要是稿件中的表述方式不违背相关规范,就没有必要进行修改,即可改可不改的一律不改。这不仅可以减少编辑加工人员的工作量,而且更为重要的是,可以最大限度地减少编辑加工错误的产生。

以上三点是始终贯穿于编辑加工过程中的,编辑加工人员应遵循、把握和注意的原则性问题。

在具体实施过程中,编辑加工人员应对全稿进行认真细致的阅读,以

发现问题、解决问题,最终使书稿达到出版要求。除了遵循上述三点原则外,应从微观上入手,注意以下方面:

(1)粗读稿件,制订加工方案。在开始加工稿件之前,应对稿件有一个全局的把握,以发现体例、图、表等共性问题。例如,加工一套教材中的某一本教材时,就应当注意本稿件的前言、编委会成员、正文中的体例(如学习目标、建议学时、思考练习)等是否齐全,以及与丛书是否一致。这样,才能避免稿件中出现体例不一致、前后矛盾的现象。

(2)精读稿件,仔细加工。这阶段是编辑加工工作的重点,也是体现编辑加工人员能力的重要方面。对此,应从细微处入手,对稿件的各个局部,甚至一句话一个词,进行润饰加工。

①结构层次问题。这属于微观中的宏观问题。在具体到稿件的某个局部(即某一章)时,应注意审查在此章下面的各个节的标题是否齐全(也包括各个节下的平行标题),是否存在有第一节而没有第二节的现象;各个节的标题是否均能包含于本章标题下(也包括各个节下的平行标题);标题的编排是否合理等。

②专业技术问题。对于此类问题,应在平时多关注相关专业的书籍,以熟悉该专业的构成、发展情况,同时也应熟悉该专业名词、术语的规范化使用。例如,汽车专业的发动机(引擎)、制动踏板(刹车踏板)、汽缸(气缸),以及冲程(特性概念,如四冲程、二冲程)、行程(位移概念,如进气行程)等。另外,还应该尊重行业内的习惯用语,例如,机械专业的划线,汽车专业的起动等。

③相关规范问题。稿件中,通常会出现一些规范,对此,应该核对规范的名称、规范号以及是否作废等。如果作者在稿件中引用相关规范,编辑加工人员还应该核对相关内容与规范的一致性。

④语言逻辑问题。这也是稿件编辑加工的又一工作内容。此类问题常见的有句子结构不完整、搭配不当、因果无据等。如能熟练运用识别语言逻辑问题的方法,对处理稿件中的语言文字问题很有帮助。

⑤文字、标点问题。此类问题相对琐碎。错字、不规范用语,例如,螺旋桨(螺旋浆),活塞(鞲鞴,此为活塞早期译名)。标点符号方面,应符合《标点符号用法》(GB/T 15834—2011)的规定,而稿件中,常见的错误有,"日"、"月"构成明字(应为,"日""月"构成明字)。依据为,《标点符号用法》(GB/T 15834—2011)4.5.3.5"标有引号的并列成分之间、标有书名号的并列成分之间通常不用顿号。"正例如,《红楼梦》《三国演义》《西游

记》《水浒传》，是我国长篇小说的四大名著。还有如，冒号套用、省略号用法不当（中文用六个点，外文和数字用三个点）等问题。

⑥图、表、公式问题。对于此类问题，应注意以下几点：

a. 示意性图，是否存在文字不清、引线连接有误、图文不符等。

b. 照片图，是否存在失真、模糊图文不符等。

c. 线条图，这在机械稿件中比较常见。这类图中常见问题有，图注与图上号码不对应、图注与正文叙述不对应、图文不符、图注与实际零件不符、剖面视图丢失、剖面线方向有误、三视图摆放位置有误等问题。

d. 表中，检查表头位置、表中内容是否有遗漏或重复等。

e. 公式中，应检查正斜体、检查公式下面的注释是否与公式中的量一致、梳理公式号等。

⑦此外，还应该注意附文的加工，如核对目录、规范参考文献、核对附录、书名汉语拼音等。

(3)整理稿件。在对稿件编辑加工之后，应对稿件中所存在的问题进行总结、反馈，并及时对问题的修改意见进行誊写。

二、加 工 编 辑

加工编辑，是指从事编辑加工工作的人员。上面的几点工作内容就决定了加工编辑应具有良好的编辑素养。

(1)严谨、认真、有责任心。这是作为一名加工编辑的最基本的素质，只有如此，才能对稿件负责、对作者负责、对广大读者负责。

(2)良好的文字功底。这是作为一名加工编辑的基本条件。

(3)善于学习。编辑加工人员应该时刻关注相关专业的最新动态，了解本专业领域的研究进展及取得的最近突破和新成果，以便能对相关的名词、术语、国家标准行业标准有所把握。

(4)加强对语言与逻辑的应用能力。语言作为信息传播的载体，同编辑工作密切相关。因此，编辑加工人员应注重，提高自己的语言修养，养成勤学、勤问的习惯。

(5)广泛涉猎。现在很少有书籍内容仅限于某一专业，书中或多或少都会涉及其他专业的知识。因此，加工编辑人员应该涉猎广泛，多了解其他专业的知识，以免在加工过程中因为不了解其他专业的内容而贻笑大方。

浅析重大选题备案制度

张一梅

重大选题备案制度是指对涉及政治、军事、安全、外交、宗教、民族等敏感问题的重大选题和其他需宏观调控的重大选题，必须按照国务院《出版管理条例》和国务院出版行政部门的有关规定履行备案手续。凡列入备案范围内的重大选题，出版社在出版之前，必须报新闻出版署备案，未申报备案或报来后未得到备案答复的，一律不得出版。落实好重大选题备案制度是出版社始终坚持正确的出版导向、依法合规出版的基本要求和具体体现。本文将从重大选题的范围、重大选题备案的办理程序、重大选题备案制度的特点以及如何落实好重大选题备案制度等方面对重大选题备案制度进行分析。

一、重大选题的范围

重大选题是指涉及国家安全、社会安定等方面的内容，对国家的政治、经济、文化、军事等会产生较大影响的选题，具体包括：

(1)有关党和国家的重要文件、文献选题；

(2)有关党和国家曾任和现任主要领导人的著作、文章以及有关其生活和工作情况的选题；

(3)涉及党和国家秘密的选题；

(4)集中介绍政府机构设置和党政领导干部情况的选题；

(5)涉及民族问题和宗教问题的选题；

(6)涉及我国国防建设及我军各个历史时期的战役、战斗、工作、生活和重要人物的选题；

(7)涉及“文化大革命”的选题；

(8)涉及中共党史上的重大历史事件和重要历史人物的选题；

(9)涉及国民党上层人物和其他上层统战对象的选题；

(10)涉及前苏联、东欧以及其他兄弟党和国家重大事件和主要领导人的选题；

(11)涉及中国国界的各类地图选题；

(12)涉及香港特别行政区和澳门、台湾地区图书的选题；

(13)大型古籍白话今译的选题(指500万字以及500万字以上的项目)；

(14)引进版动画读物的选题；

(15)以单位名称、通信地址等为内容的各类“名录”的选题。

二、重大选题备案的办理程序

出版社拟安排属于重大选题范围的图书选题，首先向主管部门申报，再由主管部门向新闻出版总署提出书面备案申请，同时报送以下材料：

(1)该选题的书稿。报送的书稿必须是打印稿，要求齐、清、定。书稿中的引文要注明出处。如有照片，必须是原件，不得是复印件。

(2)书稿作者(译者或主编)的情况介绍。

(3)出版社对该书稿的三审意见，并提出拟请审核的问题(要标明页码)。

(4)出版单位的主管部门对书稿的具体审核意见。

新闻出版总署收到材料后对书稿内容进行审查，必要时会转请有关部门协助审核。例如，有关党和国家的重要文件、文献类选题由中共中央文献研究室审核，涉及民族问题的选题由国家民委审核，涉及台湾地区的选题由中共中央台湾工作办公室审核等。最后，新闻出版总署根据审核情况，对备案申请予以答复。答复的内容包括：予以备案、根据修改意见修改后予以备案或撤销选题(不予备案)。

三、重大选题备案制度的特点

1. 备案具有行政许可的性质

关于备案，现行的法律法规中并无明确的界定。在实践中，备案的性

质主要有以下两种解释：

(1)告知性行为说，即认为备案是一种告知性行为，是相对人事后用书面形式向行政机关提供有关信息，不存在行政机关准予其从事特定活动的问题，因而不是行政行为也不是行政审批。

(2)行政许可说，即认为行政机关的有些行政行为不是以证照形式出现而是以具有行政许可性质的其他形式出现，如批准、核准、登记、审查、检验、监督、备案，是具有许可性质的非证照行为。

重大选题备案制度中的备案，无疑具有行政许可的性质。

2. 重大选题备案中书稿内容的多头管理

既然重大选题备案制度是一项具有审批性质的制度，那么对重大选题的审核权在哪个部门呢？

根据《图书、期刊、音像制品、电子出版物重大选题备案办法》(新出图[1997]860 号)第六条的规定“新闻出版署对备案的重大选题进行审核，必要时可以转请有关部门协助审核”，据此可以认为作为国务院出版行政部门的新闻出版总署拥有最终的审批权。然而，在实践中，对重大选题的审核却存在多头管理的情况。根据上述重大选题备案的程序可以发现，对于某一重大选题，除最终由国家出版行政管理部门决定是否备案外，在整个备案过程中，对选题及书稿内容参与审核的部门还包括出版社的上级主管部门、帮助国家出版行政部门审核书稿的有关部门。这种对书稿内容的多头管理模式，体现了“分级负责、层层把关”的管理思路，是切实维护出版管理秩序、加强出版管理工作的需要。

四、如何落实好重大选题备案制度

在日常工作中，重大选题备案制度在我社得到了较好的落实，但是也出现了一些值得注意的问题，如有些属于重大选题范围的图书选题报备不及时等。为进一步落实好重大选题备案制度，避免出现重大选题备案制度履行不到位等问题，应认真做好以下工作。

1. 坚持书稿三审责任制度

出版社要认真落实书稿三审责任制度，切实做好初审、复审、终审工作。三审人员应熟悉《出版管理条例》、《图书、期刊、音像制品、电子出版物重大选题备案办法》等相关规定,对书稿内容质量严格把关。在三审过程中,始终要注意政治性和政策性问题,对于涉及国家安全、社会安定等方面内容,属重大选题范围的图书选题,应给出相应的审稿意见,要求其履行备案手续,同时提出拟请审核的问题。

2. 加强审读工作

审读是判断书稿内容思想倾向、评判质量优劣的重要关口,加强审读工作有利于促进和保障图书整体质量的提高。若未对书稿的内容进行严格审读,容易忽略应履行重大选题备案的相关问题,从而违反相关的出版政策与法规。因此,应充分认识到审读工作的重要性,切实加强审读工作,确保我们出版的图书符合出版政策与法规,坚决保证正确的政治方向和舆论导向。

总之,重大选题备案制度是我国图书出版管理制度中的核心制度之一,作为出版工作者,要明确职责、守好阵地,严格落实重大选题备案制度,为促进出版事业的繁荣发展贡献力量。

浅谈如何做好交通史志类图书出版工作

崔 建

交通史学是通过交通事业各个时期史料，研究交通（包括公路和水运）发展过程的学科。史志出版是行业文化建设的一个重要组成部分，在行业影响较大，编好交通史志，为交通运输行业留下宝贵的精神财富，使命光荣，任务艰巨。交通史志类图书的特点决定了交通史志类图书出版工作的特殊要求，下面从几个方面谈谈自己的认识。

一、交通史志类图书的策划工作

1. 依托行业，借助平台

交通史学研究的对象和范围，是十分广泛的。现阶段我们主要出版的是公路交通史和水运史类图书。大型交通史志类图书编写工作历时长，耗资巨大，参与收集资料、撰写、评审的人力众多，因此一般要借助于政府部门的支持。现阶段我们要充分利用《中国水路交通史丛书》编委会和地方交通史志编撰研究协作组这两个平台，吸纳更多的单位和专家参与，扩大影响力，吸引更多的交通史志来我社出版。

2. 注重质量，开发精品

毋庸置疑，质量是图书生命线。史书价值的大小，取决于史书的质量。史志类图书要在精品开发上下工夫。首先，选择稿件内容方面要求观点正确、史实准确、详略得当、特点鲜明 、消除抵牾，注意涉外和保密。其次应注意内容、形式、编排上的灵活性，注重封面版式艺术效果、形式创新等。最后要注意充分使用新的工艺、新的材料，雅而不俗。

二、交通史志类图书的审稿加工工作

史志类图书与其他科技类图书审稿加工工作有不同的地方，下面论述一下应特别注意的几个问题。

1. 提高政治素养，把好“政治关”

编辑史志工作，实际上是在做一项崇高的文化事业，是在做一项精神遗产工程，这些资料留之后世，十分重要，编辑务必把好“政治关”。编辑工作必须从有利于宣传党的方针政策，有利于振奋民族精神，有利于社会和谐稳定发展，学会用历史唯物主义的观点看待历史人物和历史事件。文稿要公正客观，不溢美、不贬损，坚决维护民族团结、社会和谐稳定和党的统一大业。在编辑工作中始终坚持把社会效益和政治影响放在首位，遵守国家有关法律法规，发扬严谨细致的工作作风，对史料的观点、内容进行反复推敲，努力做到“资料无禁区”。凡是涉及国家安全、社会安定等方面的重大选题，涉及重大革命题材和重大历史题材的选题，均须按照新闻出版总署有关重大选题备案管理的规定办理备案手续，否则，不得出版。

2. 仔细审查史料，进行订正删补

史志类图书的编撰会应用大量史料，史料是史书的基础，史料真实可信，史书才能成为一部信史。编辑在作者编撰史志的过程中，就要提醒作者选用史料应尽量以第一手的图书、档案文献以及实物史料为主，结合考订，务必使资料真实可靠。编辑在加工稿件的过程中要对这些史料进行辨伪与考证，注意查找疑点。有些资料看起来似乎真实可靠，有的史实常常有不同的说法，就要进行鉴别比较，于无疑处见疑窦，弄清史事的真实情况。对一些有怀疑、有不同意见的史事，应很好地用史料进行比较，从而得出正确的结论。有些史料是从书籍或档案中来的，有的甚至来源于正史或名著，只要发现有疑点，也应及时考订鉴别。有些史志类的书籍会包含一些国家领导人照片，这时要仔细核对照片，辨别真伪，并核对照片标注的领导人信息，避免张冠李戴，并按要求进行重大选题报备。

3. 明确史志区别，把握文章体裁

有些史志类稿件作者分不清史和志的区别，有可能出现书名所标明的史（志）与正文内容体裁不符或是史志两种体裁交叉的情况。编辑在审稿时应注意审查，如遇不合适的情况，应及时与作者沟通，进行修改。史和志的区别如下：

（1）编写方法形式不同。史体，主要记述历史，一般以时间、事件、人物等线索，倾向于纵向的发展，通过对历史现象的分析、研究，探索历史发展的客观规律，故论述是史书的主体。志体，寓褒贬于叙事之中。有时也追溯过去，但主要的是记载现状，就是把事物横向分门别类地记载，只有记载而不论述。

（2）主体门类广狭不同。史体是以历史事件或历史人物为中心轴线，记事集中，论述深入、系统，虽也有许多门类，却围绕着一个核心内容，来证明自己的观点和主线。志体重在资料收集，举凡一地的自然、社会、人文等各个方面，事无巨细，只要关系到国计民生的发展变化的事物，各个门类，各种重要资料，都在记述范围之内，平列叙事，并无明显的特定轴心。

（3）内容详略不同。一般来说，史的范围较专、较约，志的范围则较广、较博。

（4）成书方法不同。史主要依据文献、调查研究或考古发掘论证过去，详古略今，论点集中，具有论述的特点。志则依靠调查采访，积累资料，详今略古，分门别类，各成体系。

三、交通史志类图书的营销

（1）注重图书馆配。馆配是中国图书销售市场中的重要力量之一，也是出版社市场经营的重要板块。交通史志类图书有很高的收藏价值，很适合图书馆收藏。我社正在不断建立完善自己的图书馆配流通渠道，将进一步促进交通史志类图书的销售。

（2）探索图书直销。交通史志类图书多为精品图书、大部头书，一般有精装、套装、印装精美、码洋较高等特点，适合进行图书直销。交通史志类图书的潜在读者人群不同于大众类图书，人数少却固定。针对此特点，我们可以积极搜集潜在作者信息，建立读者数据库，定期通过电子邮件、电话、邮寄书单等方式，积极利用交通运输部网站、社网站、社微博进行图书宣传，向读者介绍我们的图书产品，促进销售。

四、结　语

交通史志类图书编写工作大多历时长，耗资巨大，参与收集资料、撰写、评审的人力众多，最后的出版是这伟大事业成果的呈现，一定要防止为山九仞，功亏一篑。编辑在交稿后精雕细刻的工作十分重要，这里包括史料的核对，内容的调整，文字的修改，观点的推敲，体例编排，装帧设计等各个方面都应多下点工夫，百尺竿头，再进一尺，用知识结构网和责任心构筑起严密的防线，编辑出版质量好的交通史志，为交通运输行业留下宝贵的精神财富。

以美国地图制造商 Rand McNally 为例，小议传统地图产品选题开发

徐　菲

近年来，随着以智能手机为代表的移动通信终端技术迅猛发展，数字地图的便捷性、交互性、观赏性、实用性又上了新台阶。以便捷性和交互性而言，不论用户身在何处，只要能接收到信号，即能很快地完成地理位置定位，并能根据自身的需要，提出个性化的问题，例如导出从当前位置到目的地的驾车路线、步行路线、乘车路线等，如 Google 地图及百度地图等都提供了卫星定位、路线设定、三维影像等便捷的应用技术。以观赏性及实用性而言，终端设备上的数字地图还可以实现多种媒体集成显示，包括色彩、声音、三维、动态等多种形式，其中声音形式更能帮助那些无法看到地图的盲人用户，这是纸质地图难以企及的功能。大型信息技术公司及导航公司的介入，使导航地图的数据更新速度大大提升、数据量增大。因而，就现今传统的地图出版行业而言，其竞争对手不只是原来的出版同行，还有拥有现代科技理念、先进信息技术的尖端产业以及消费者对应用科技的需求。

面对数字技术的冲击，传统的地图出版企业自然不能坐以待毙，纷纷意图涉足数字地图产业[1]。但是比起拥有核心技术的信息产业公司、导航公司，传统的出版社并不具备技术优势，因而，很多出版社的这种技术转型又被搁置了。那么，传统的纸质地图产业是否真的将变成一潭死水，难以为继了么？

先进的技术为传统纸质地图产业带来挑战的同时，也注入了新的技

[1] 张福财. 数字地图：地图出版社后发优势[N]. 中国新闻出版报，2012-02-08

术理念。这种理念是原来纸质地图从业者不曾具备的。数字地图所具备的便捷性、交互性、观赏性及实用性并不是纸质地图的死穴,而是纸质地图需要吸收的先进理念和未来的发展目标。纸质地图必须转型,但是转型并不意味着出版社需要彻底抛弃原有的地图制作手段和方式进而转向自身并不具备优势的数字地图技术。在出版社地图制作资金并不足以与科技公司、导航公司竞争的时候,吸取先进理念,将纸质地图制作成具有一定便捷性、交互性、观赏性及实用性的地图不失为一种折中的方式。但是,这种新产品的选题开发无疑是对地图编辑策划能力的一种考验。策划具备这些功能的地图产品并不简单,需要编辑对人们消费习惯的改变、现代应用技术的更新都有较为深入的认识。那么,编辑策划出何种地图产品能够符合上述新理念,美国知名地图制造商 Rand McNally 推出的纸质地图产品或许能为我们拓宽视角。

美国是数字产业的兴起之地,数字地图产品量大且技术先进。但在美国,纸质地图仍然有一定的生存空间,这除了源于美国读者的阅读习惯、阅读环境与国内不同外,更得益于美国地图产品整体策划开发带有很强的时代特征,产品符合读者的口味。因此,本文以美国知名地图制造商 Rand McNally 的纸质地图产品为例,探讨纸质地图产品的策划理念。

美国知名的地图制造商 Rand McNally 在纸质地图产品[1] 的策划选题上非常注重便捷性、交互性、观赏性等要素,开发了多种互动性、实用性强的产品。其纸质产品主要分为地图集、地图册、单张图、挂图、定制地图、儿童地图等多个品种。

一、地 图 集

公路地图集是该地图公司最早开发的经典产品。今年,其新推出的公路地图集充分体现了实用性与交互性。在实用性上,图集增加了道路旅行时间提醒、旅行小贴士,增添了更多的城镇信息、旅游地点,更新了地区里程表、地形图、应急电话等实用信息,并在州图之后配有手绘的城市图。清晰的地图编制、多样的信息充分发挥了图书的特性,承续了该公司这一经典图书品牌一直以来的风格,巩固了已有的读者群。

而在交互性上,本书编辑充分考虑到现有移动终端的先进性能,在内

[1] http://www.randmcnally.com/

容中添加了手机扫码形式。读者可用手机扫描条码进入特定的网页，网页上显示了同该出版公司合作的多家旅店、公园、饭店、野营地的优惠信息，为旅行中的人们提供及时的打折信息、优惠活动。除了提供优惠信息，本书还利用这种手段，提供了美国特色小镇的旅游信息（去年该公司组织的读者自助巡游活动评选出了最具特色的美国小镇）。读者可以在网上看到这些小镇的旅游信息、照片、录像、评论等，也可上传自己的旅行经历、路线设计等个性信息。这一先进功能的设计，目的是为迎合年轻的自驾游车主。出版商力图用这种新形式去吸引年轻读者。

二、地　图　册

该公司的地图册产品大致分为三类，分别是针对私家车主的公路地图、针对货车运输从业者的实用公路地图，以及地区图（州地图）。而在每类图册中，该公司又根据不同细分市场策划出了不同的产品。

地图编辑为满足不同私家车主对于地图册的需求，策划设计出不同字体大小、不同装订形式的多种公路地图册，有的还采用了便于车主展开使用的螺旋装订形式。

货车运输公路图集，除了具有新的道路里程信息、路况信息外，还提供了工厂、工业的相关信息，并配有必要的电话及网址，便于司机查询。

而地区图制作的则非常精细。地区图立足于各个地区的特色，着力介绍各个州的特色旅游热点，每本图册没有提供千篇一律的内容近似的地理信息。如“Hawai'i State Road Atlas”（《夏威夷公路地图册》）中，除了提供大号的字体、全面的索引以便读者阅读和查阅外，还提供了便捷的信息，如细致到每条街道的城市图、国家公园的导览图、最佳冲浪地点的推荐，各个岛屿之间的距离以及驾车、乘船等所需花费的时间等游客最为关注的实用信息。

三、单　张　图

单张图除了提供美国政区地图之外，还有州地图、主要城市图、特色地图、世界地图等多个品种。

美国政区地图除了具备便于使用的图例、索引、里程表外，还提供了公园列表、驾驶所需时间、沿途维修点、游客中心，甚至天气数据等实用信息。此外,这种单张图的制作材料使用了耐用的层压技术,使读者可以在地图上轻松涂写及擦掉涂改,这在一定程度上实现了传统地图与读者的互动。

城市图除了具备街区编码、便于查找的快速编码外,还提供了针对地区公共设施的索引,如学校、政府机构、警局、邮局医院、公园、图书馆、博物馆等。同时,地图中还标注出了本地区很有特色的地方、单向的街道等各种便民信息。

特色地图有弹出式的立体地图,可立体展示整座城市的建筑以及提供了全索引。该公司还策划出品了适合家居摆放的复古地图。这些都充分了发挥了地图的收藏价值与观赏性的特点。

在单张图类产品中,还有一款产品很有创意。这类地图由塑料泡沫制成,像家居饰品一样被放置在边框之中,非常轻便、美观。同这类地图一同出售的还有各种颜色的小铆钉,读者可以在自己想去的地方按上铆钉,或者将明信片、照片、机票、小贴士等一些纸片随意钉在图的任何地方。这种产品既可以作为家居摆件,也可以作为实用地图,两用又美观,实现了一定的互动性。

四、学 生 地 图

在学生地图中,比较有创意的产品是笔记本式的学生用地图。这种地图不同于中国的填图册,是一种特色笔记本,将课本与笔记本功能相结合。这种笔记本产品系列以州为单位推出,笔记本中除了包括地图主要标识信息外,还介绍了该州的自然信息、自然特征、历史事件等。这类笔记本的装订形式采用了易于拆分的打孔活页纸形式,方便学生记录与学习。

这些地图产品,基本都是在已有的产品模式上加入了一些新的应用手段,使原来的产品变得更具互动性与实用性。在策划地图产品时,编辑除了应该"调整地图产品内容结构,吸引更广泛的读者;加强针对地图产品细分市场的选题策划;树立地图产品品牌"[1] 等传统的图书策划理念外,应该借鉴先进地区地图图书策划者的思路,从信息时代读者消费习惯

[1]程船,《浅析出版体制改革后地图产品的转型和新兴市场开拓——以中国地图出版集团为例》载于《测绘通报》2011 年第 2 期,第 77 页

入手，最大限度地展现纸质地图的实用性。这就要求地图产品分类清晰，每一类都有各自的“杀手锏”——具备不同类别的细致、人性化的，与数字地图有差异的实用信息。同时，在保持地图经典产品特点的同时，融入具备一定便捷性、交互性、观赏性等现代应用科技产品的要素，使纸质地图产品发挥实物特征，使用上更加“亲民便民”。

参 考 文 献

[1] 刘彬. 浅谈当前我国地图出版市场的现状及对策[J]. 地图，2001，3：41-43.

[2] 范毅. 网络出版与网络电子地图[J]. 科技与出版，2004，4：46-48.

[3] 程船. 浅析出版体制改革后地图产品的转型和新兴市场开拓——以中国地图出版集团为例[J]. 测绘通报，2011. 2：76-80.

浅谈科技出版中阿拉伯数字和汉字数字的用法

潘艳霞

在科技类图书的编辑工作中,数字的使用频率是比较高的,而且科技书刊数字的使用具有一定的特殊性。因此,为保证图书的质量,应该正确掌握阿拉伯数字和汉字数字的用法和书写。

一、新旧标准的对比

新标准《出版物上数字用法》(GB/T 15835—2011)代替旧标准《出版物上数字用法的规定》(GB/T 15835—1995),新标准与旧标准相比,异同点主要如下。

1. 相同点

新旧标准遵循的原则基本一致,即得体原则、局部体例统一原则。

2. 变化

阿拉伯数字具有世界通用的优点,故原标准在汉字数字和阿拉伯数字中,明显倾向于使用阿拉伯数字,新标准则不再强调这种倾向性。

删除了旧标准的基本术语“物理量”与“非物理量”,增补了“计量”“编号”“概数”基本术语。

二、数字用法的原则

自新标准颁布实施以来，由于编辑对新标准不了解，致使在使用过程中有些茫然。笔者通过学习新标准和编辑实践，对数字的用法有以下几点体会和建议。

1. 汉字数字的使用

(1)数字连用表示的概数，不应采用阿拉伯数字，连用的两个汉字之间不得用顿号。如：五六天(不能写作五、六天)，二三米(不能写作二、三米)。

(2)含“几”表示约数时，不能采用阿拉伯数字。如：十几(不能写作10几)。

(3)汉语中长期使用已经稳定下来的包含汉字数字形式的词语，不能采用阿拉伯数字。如：“十二五”规划，一元二次方程(不能写作1元2次方程)，四边形(不能写作4边形)，第二作者(不能写作第2作者)，十一国庆节，东四十条等。

(4)干支纪年、农历月日、历史朝代纪年及其他传统上采用汉字形式的非公历纪年等，应采用汉字数字，不能采用阿拉伯数字。如腊月初八，清咸丰十年九月二十日。

2. 阿拉伯数字的使用

(1)用数字进行计量时，如正负整数、小数、百分比、分数、比例等，为达到醒目、易于辨识的效果，不能采用汉字数字。如：-369、156.43、34%、2/5、1:200。

(2)当数字与计量单位连用，特别是计量单位以字母表达时，不能采用汉字数字。如：1m、102m²、5L、300km/h、605g、27kN。

(3)当使用数字进行编号时，为了达到醒目、易于辨识的效果，不能采用汉字数字。如：电话号码(8528××××)、邮政编码(100011)、通信地址(北京市朝阳区安定门外外馆斜街3号)、电子邮件地址、网页地址、汽车号牌、公文编号、图书编号、刊物编号、产品型号、产品序列号、单位注册号、行政许可登记号等。

(4)现代社会中出现的事物、现象、事件，其名称的书写形式包含阿拉伯数字,已经广泛使用,不能采用汉字数字。如:“7·23”动车事故、北京“7·21”特大暴雨。

3. 阿拉伯数字和汉字数字均可使用

(1)科技图书中出现具有统计意义的数字,与“多”“余”“左右”“上下”“约”等表示约数的词连用,选择汉字数字还是阿拉伯数字在书写的简洁性和辨识性的清晰性两方面没有明显差异时,两种形式均可使用,但全书应保持统一。如:10 多台(也可写作十多台)、200 多人(也可写作二百多人)。

(2)科技图书中如果表达编号所需要的数字,选择汉字数字还是阿拉伯数字在书写的简洁性和辨识性的清晰性两方面没有明显差异时,两种形式均可使用,但全书应保持统一。如:17 号楼(也可写作十七号楼)、第 3 年(也可写作第三年)、早上 8 点 30 分(也可写作早上八点三十分)。

4. 同类别同形式原则

如果两数字表达功能类别相同(如:2012 年 11 月 25 日不能写成 2012 年十一月二十五日),或者两数字在上下文中所处的层级相同,应选用相同的形式。反之,如果数字的表达功能不同,或所处的层级不同,可以选用不同的形式。

5. 数字的书写与使用

(1)使用两个阿拉伯数字表示某一范围时,两数字间用“~”或“—”连接,前后两个数字的附加符号或计量单位相同时,在不产生歧义的情况下,前一个数字的附加符号或计量单位可以省略,否则,不应省略。如:3°~9°(不能写作 3~9°)、3~9℃(不能写作 3°~9℃)、3%~9%[不能写作 3~9%,但可以写作(3~9)%]、$3\times10^5\sim9\times10^5$[不能写作 $3\sim9\times10^5$,但可以写作 $(3\sim9)\times10^5$]、15.0mm ±0.3mm[不能写作 15.0 ±0.3mm,但可以写作(15.0 ±0.3)mm]、尺寸为 3m×4m×5m[不能写作 3×4×5m,也不可以写作 $(3\times4\times5)\mathrm{m}^3$]、3 万~9 万元(不能写作 3~9 万元)。

(2)年月日、时分秒的书写应按照口语中的顺序书写。年月日间可按照《数据和交换格式　信息交换　日期和时间表示法》(GB/T 7408—2005)中扩展格式,用“-”代替,但年月日不完整时不能代替;年份不能

简写为两位;时分秒间按照《数据和交换格式　信息交换　日期和时间表示法》(GB/T 7408—2005)中扩展格式,用冒号“:”代替。如:2012 年 11 月 25 日(也可写作 2012-11-25)、11 月 25 日(不能写作 11-25)、2012 年 11 月(不能写作 2012-11)、2013 年(不能写作 13 年,也不能写作一三年)、13 时 30 分(可写作 13:30)。

(3)一个阿拉伯数字应避免断开移行;阿拉伯数字竖排时,按顺时针方向旋转 90°。

(4)阿拉伯数字与汉字数字连用时,“万”“亿”可采用汉字数字,其余部分采用阿拉伯数字,但数字汉字“百”“千”不能与阿拉伯数字连用。如:五千元(可写作 5000 元,也可写作 0.5 万元,但不能写作 5 千元)。

三、总　　结

对比新旧规范,可以发现,新旧规范具有以下相同点:

(1)习惯性原则

无论是数字汉字还是阿拉伯数字,有些词、词组、成语、惯用词等,已经广泛使用并稳定下来,人们都以习惯,则不要随意改动。

(2)局部体例一致原则

数字在任何一本书中都不是孤立的,都是前后牵连,有层次且互为一体的,所以,在使用数字时,应注意全书体例统一。

(3)灵活性

在不违背科学性、灵活性的基础上,阿拉伯数字和汉字数字两种形式,只要使用得体,均可使用。

新规范具有以下特点:

(1)严谨性

旧规范第 3 章定义非物理量“日常生活中使用的量,使用的是一般量词”。那么,日常生活中使用的“米”“千克”“小时”等也应是非物理量,这与定义物理量的定义相矛盾。故新规范删除了基本术语“物理量”“非物理量”的定义,增补了“计量”“编号”“概数”的基本术语。

(2)科学性

旧规范第 4.2 节中“凡是可以使用阿拉伯数字而且又很得体的地方,特别是当所表示的数目比较精确时,均应使用阿拉伯数字”,旧规范明显倾向于使用阿拉伯数字,但新规范 4.3 节规定“如果要突出简洁醒目的表达效果,应使用阿拉伯数字;如果要突出庄重典雅的表达效果,应使用汉字数字”。也就是说,凡是出现涉及数字的地方,只要得体、科学,两种表达形式均可使用。

(3)层次性

旧标准将各条评级罗列,新标准则将各条概括、总结,改为层级分类式。这种表述方式更体现了逻辑性、层次性,便于读者理解和阅读。

参考文献

[1] 新闻出版总署科技发展司,新闻出版总署图书出版管理司,中国标准出版社. 作者编辑常用标准及规范[M]. 北京:中国标准出版社,2008.

[2] 汪继祥. 科学出版社作者编辑手册[M]. 北京:科学出版社,2010.

[3] 中华人民共和国国家标准. GB/T 15835—2011 出版物上数字用法[S]. 北京:中国标准出版社,2011.

[4] 中华人民共和国国家标准. GB/T 15835—1995 出版物上数字用法的规定[S]. 北京:中国标准出版社,1995.

[5] 中华人民共和国国家标准. GB/T 7408—2005 数据和交换格式 信息交换 日期和时间表示法[S]. 北京:中国标准出版社,2005.

[6] 李家烈,刘莹. 关于《出版物上数字用法的规定》修改的建议[J]. 北京:编辑学报,2007,3(19).

[7] 李家烈,侯万儒. 科技书刊数字用法的规范化问题[J]. 北京:编辑学报,2007,4.

[8] 田美娥,蒋亚儒,张新宝. 也谈科技期刊中数字的使用[J]. 上海:出版与印刷,2008,4.

一场“免费”之战引发的行业思考

刘　明

2013 年 4 月 17 ~ 19 日，当当网宣布五十万电子书免费下载，与此同时京东商城作出回应——“0 元下载电子书”，拉开了两家商家的“血拼”。这场“免费”之战带来了两种结果：一方面，读者尝试了一把抢购电子书的狂欢，貌似“娱乐至死”；另一方面，让内容提供方的出版商和作者在身体和心理上蒙受了双重伤害。

当当网负责人郑重其事地表示，当当网这次活动主要是在培养读者阅读电子书的习惯，让电子阅读更加深入大众，让人们能够享受到免费阅读带来的快乐。但事实真的是这样吗？这里面暗含的深层问题值得我们思考，只有看到事情发展的内在本质，才能解决实际的问题，才能在数字出版发展的道路上少走或者避免走弯路。

对读者来说，表面上看来确实得到了“实惠”，“免费”在当下中国大环境下，确实是相当具有诱惑力的，在坊间流行一句话：“最近你上‘当’了吗?”。许多读者甚至开始摆出自己的上“当”清单，相互攀比一下自己的免费成果。有些读者表示，自己平时需要花费很多钱财才能买到的专业图书，现在由于这次的“免费”活动实现了自己的现实需要，解决了他们一些实实在在的问题。表面上来看，这次活动可以让读者对于电子书有一个更加深入的了解，有了新的阅读体验，这在一定程度上是有促进作用的。业界相关人士对此却存有异议，湖南文艺出版社副社长陈新文说：“电子书免费下载一时引发众人的关注，更多是一种从众的心理使然。你下了，我不下，我觉得吃亏，就像人们见着排队都要排一样，这还是一个网络排队的心理。”据他分析，免费一结束，电子书买卖还是一切照旧。

对传统出版社来说，当当网和京东商城的这次“免费”之战，其实侵犯了传统出版商和作者的权益,对他们产生的影响是十分明显的。甚至一度有人宣称:这是出版行业今年以来最大的侵权事件。当当和京东在进行这次“免费大放送”的活动中,并没有和出版商打好招呼甚至都未打招呼,这在很大程度上对于出版商和作者的伤害是巨大的。从本质上来说,当当和京东就是通过“免费”的手段,使自己的销售平台流量暴涨,进而使自己得到利益最大化。他们的这种行为不仅损害了出版商和作者的利益,还对出版行业的发展带来了巨大的伤害,这种行为无形中给广大的消费者造成一种假象:电子书不值钱,可以免费获取。这对本来举步维艰的数字出版业来说简直是雪上加霜,使出版行业的发展更加艰难,数字出版的发展任重而道远。

对传统出版行业来说,电子书在我国的发展从一开始就面临很多的瓶颈,这次两大商家的“免费”之战让电子书市场更加混乱。很多出版社在数字化转型当中是处于观望态度的,因为在中国做数字出版尤其是电子书是基本上不盈利的,从根本上来说是我国在数字化的发展进程中尚未找到能够盈利的模式,这就造成了很多出版社对于数字化的发展不是很“感冒”,处于观察阶段,静观其变,所以他们的积极性是不高的,没有高昂的热情发展数字出版。从表现上来看,在电子书市场种种问题尚未解决的情况下,电商平台自作聪明地大打电子书免费战,这场“血战”仅仅博得了读者欢心,对于电子书的发展,甚至是打破电子书市场僵局基本上没有实质性的帮助。从各个方面来看,我国数字出版的发展面临的问题相当多,需要我们广大从业者集思广益,献言献策,共同发展我国数字出版事业。

免费电子书的出台,表面上来看绝对是“惠民”的,但这其中会涉及电子书内容的参差不齐。内容不好,即使是免费的电子书也提不起读者的兴趣;内容优良,即使付费读者也心甘情愿。

我社成立六十多年来,已经累计出版了相当丰富的内容资源,尤其是在交通方面的内容资源是独一无二的,这是我社最大的优势。我社的内容资源涵盖了公路、桥梁、汽车、水运、土木建筑、地图等专业,拥有一支由近百名相关专业人员组成的编辑队伍,建立了一支包括院士和知名学者、专家、教授在内的高素质作者队伍,这些优秀的作者创造的内容是我社最大的优势。我们伴随着中国交通的快速发展而成长,交通专业特色为我们在市场竞争中赢得了优势和地位。据权威统计和市场调查结果,我社名列国内科技类出版社20强;连续多年,公路、桥梁、交通地图、水运类图

书市场份额居第一位,汽车类图书居第二位。我社是中国交通专业图书最权威的出版机构,多批图书荣获国家、教育部、交通部的奖励,在全国经营性图书出版单位等级评估中被新闻出版总署评为一级单位,被授予“全国百佳图书出版单位”荣誉称号。

中国的数字出版产业正处在一个初步过渡阶段,仍需要时间让消费者慢慢接受,也需要高科技让产业加快过渡的时间,更需要专注专业的服务让其日趋成熟。作为我社数字出版中心的一员,我想就我社的数字出版发展,提出自己以下几点不成熟的建议,以此抛砖引玉。

第一,结合我社优秀的出版物资源,发展数字出版,同时要在相关政府部门的帮助下积极打击市面上的盗版行为。在当前的中国市场环境下,盗版活动猖獗,同时治理的手段和策略没能及时跟进,使得数字出版的市场环境相当险恶。我社在发展数字出版发挥自身优势的同时,要积极保护好我社编著者创作的劳动成果,打击盗版,维护自身的合法权益。

第二,我社在进行数字出版的过程中,要完善数字产品定价策略。在我国,广大的读者从一开始就没有形成网上付费阅读的习惯,他们认为,网上的内容都应该是免费的,这对于数字出版的发展来说是一个相当大的障碍。另外数字出版资源的低定价,也在一定程度上制约了传统出版社的数字化转型,这从根本上来说,我国的数字出版发展还没找到一个值得肯定的盈利模式。我社作为交通类的特色出版社,应该充分发挥我社的资源优势,避免低定价,更不能盲目跟风。把自己的优势资源做成数字产品时,如果把数字产品卖出“白菜价”,这对于我社和作者来说都是不可以接受的,我们要把我社的核心资源牢牢抓在自己手中。在“内容为王”的时代,除了要做数字化的精品以外,更重要的是,做好数字产品销售后的服务和升级,唯此才能在数字化进程中保有一席之地。

第三,必须树立一个观念:建立在专业化基础上的规模化内容积累,是数字出版成功的基础。在“信息爆炸”的社会,广大用户所关心的,不是传统出版单位的地域分类,而是不同主题的成系统的优质内容。用户关注的是使用数字化技术所带来的便捷,能否满足自己的不同需求。本质地讲,由数字化所产生的数字产品就是一种为大众服务的文化精神内容的满足。专业化不等于再造一个甚或几个新的专业出版社,而是基于现有传统出版领域的专业化关注和整合。作为专业类的科技出版社,我们的目标就是——要做专业中的专业,在专业中的专业中做出精品,做出规模，实现专业规模化。

总之，我社的发展环境好，依托的行业背景良好，交通出版业仍大有可为。只要我们正视自我，狠抓我社交通相关的优势资源，把内外两个大环境的优势条件利用好，不断进行新尝试，做好数字化转型的准备，做数字出版的领航者，从而实现我社的长期可持续发展。

教材大纲审定会的一般形式与要点

任雪莲

不论是规模型教材还是一本普通图书,正式编写之前均需拟定编写大纲。一个好的大纲是一本优质图书的基础,是规范整本书内容框架的标尺,是一本书成功与否的关键。教材大纲尤为重要,它应体现一门课程在该专业中的地位,内容紧跟时代发展,协调相关专业及同一专业不同课程之间的衔接问题,保证教师使用的灵活性、方便性,以及学生使用的可读性。

因此,教材大纲审定会就显得十分重要,它是对教材把关的一道重要程序。出版社通常是教材大纲审定会的组织者,所以,了解教材大纲审定会的一般流程和注意事项是每位编辑工作的一部分。笔者通过多次参加教材或教材大纲审定会的经验,提出了教材大纲审定会的一般形式与要点。

一、会前准备工作

筹办一次会议,需要做的事情很多,大部分是零散的小事,而正是这些零散的小事集结在一起构成了一次完整的会议。在众多的小事中,会前的准备工作不可忽略,且整个会议的几乎一半工作是要在会前完成的。通常要做好以下工作:

(1)拟定会议召开时间和会议主办者(单位)、会议承办者(单位)、会议代表人选。注意会议主办者(单位)应为在行业内有知名度和号召力的人(单位)。

(2)与所有准备邀请的会议代表电话联系,核实在拟定的开会时间是否大部分人都能参加,如准备邀请的重要会议代表在该时间段因其他事无法参加,需调整会议时间。调整新的时间后,应再次与准备邀请的会议代表电话沟通联系，说明调整时间及其原因。

(3)会议时间确定下来后，需选择会议地点。会议地点选取原则主要有：

①一般选在能提供相应大小会议室的酒店召开。

②酒店级别不能过高或过低（通常会议住宿费自理，而每所院校/单位针对不同职务都有各自的住宿费报销的标准规定，因此应充分考虑会议代表的实际情况，选择大部分会议代表均可以接受的标准的酒店）。

③酒店最好选在交通便利之处（便利于会务组接送站和会议代表的出行）。

(4)与可选择的酒店联系（最好选择有长期合作关系的酒店，以利商谈各项费用），询问预订开会时间酒店的房间是否充裕，会议室大小是否合适等，最终确定会议地点。

(5)确定下来会议地点后，应再次与准备邀请的会议代表联系，询问其是否能到会，如能到会，对住宿是否有特别要求（如会议代表住单人间还是标准间等），并叮嘱其尽快订往返的火车票或飞机票，以免耽误行程。

(6)拟会议通知。通知里需写明会议的时间、地点、会议的主办单位和承办单位名称、会议代表姓名和单位名单、会务组人员联系方式、会议回执（回执中信息包括会议代表的姓名、单位、电话以及返程信息等）。其他需特别说明的，也应写在会议通知里，如是否需交会议费及会议费标准，哪些费用需自理等。

(7)准备会议资料。包括会议资料袋、笔记本、签字笔，制作会议横幅（根据会议室大小确定尺寸），打印会议日程安排表及其他纸质资料，准备必要的样书（赠送和展示用），做会议代表报到登记表（会议代表签到时填写）。

(8)申请经费。计算会议开支，申请相应数额的会议费。一般包括租会议室的费用、会议代表的审稿费、会议期间的餐费、相应会议资料的费用、交通费等。如收取会议费，可在总开支里减去会议费的数额即为待申请的款额。申请经费的报告中，需写明费用使用明细和最终申请数额。

(9)等待会议代表将会议回执传真给会务组。如有不明确的信息，需打电话一一核实。如会议代表未按时传真回执，会务组应主动打电话与其联系，核实是否能参加会议、何时乘坐哪个班次航班（车次火车）到达。最终确定参会人数及每位会议代表的到会时间和到达信息，将信息汇总后制作成表格。根据最终汇总的信息，安排接站。并将最终人数告

知酒店负责人,确定酒店的房间数。

(10)会议前两三天,会务组负责人应亲自去酒店,核实房间准备情况,查看会议室,并安排会议室桌椅摆放形式,检查投影设备情况等。将会议名称及会议代表姓名列一份清单给酒店相关负责人,保证会前做好水牌和座签。

二、会议期间的工作

1. 会议报到

通常会议的报到时间为开会前一天,会务组根据之前汇总的会议代表的到达信息,安排接站,并设专人在酒店大堂负责接待工作。一般可在酒店大堂进门处一侧设报到台,并设明显的标明本次会议名称的指示牌。根据会议规模,会务组安排相应数量的人员在报到台负责接待工作。会议接待工作包括:会议代表签到(最好在会议代表报到登记表上写明返程信息,以便于会务组安排送站)、收取会议费(如需收取)、发会议资料袋,带领会议代表去酒店前台办理入住手续,记录下每位会议代表的房间号,以方便联系。

会议报到当天下午或晚上,会务组应将写明“会议名称”的横幅拿到会议室挂好,检查酒店做的座签是否有错误,如有错字,及时进行修改,确认座签无误后按照会议代表的职务高低摆放座签位置。根据不同要求,座椅摆放形式可以按“U”字形、“O”字形或一排排面对投影平行摆放,并设立专门的代表发言席,检查投影和扩音设备是否正常。将各项事宜和酒店负责人再次确认后,方可离开。

会议代表到达之后,最好在会议前一天晚上安排开一次由会议主办、承办方主要人员参加的预备会议,以确认和调整第二天正式会议的日程,落实细节。

2. 开会期间

会议当天早上,会务组人员应提前1小时左右到达会议室,再次检查投影设备、扩音设备是否工作正常,座签摆放是否合适,茶水、水果等是否准备好,会议开始前如还有代表未到,应打电话联系请其尽快入场。

教材大纲审定会一般由两个部分组成,即会议开幕式和大纲审定会。

中间可以安排参会领导和会议代表合影。

会议开幕式一般安排30分钟左右即可,会前应确定会议的主持人。重要领导的讲话一般安排在该时段。

会议开始后,应安排专人负责会场拍照,提前叮嘱酒店服务员每过一段时间续一次茶水,会务组应有专门的会议记录人员(一般由会议主办单位安排),除此之外,会务组最好另外安排一名工作人员在会场,以处理突发事件。

会议记录人应将会议的每个细节记录清晰,包括开幕式上重要领导的讲话,主持人宣布的重要决定,每位主编对大纲编写情况的介绍,会议代表(或评审专家)对教材大纲的意见和建议,以及会议最终达成的共识,以便会议结束前写好会议纪要。如会议结束前未完成会议纪要,可在会后整理完成并通过电子邮件统一发给每位会议代表。

3. 其他事宜

(1)如果是出版社主办的会议,一般不向会议代表收取会议费(以获取作者的信任和好感);如果是非出版社主办的会议,可根据情况收取会议费。

(2)注意在征求会议代表同意的情况下,方可安排两位同住一个标准间。

(3)注意吃桌餐时安排所有会议代表有序入位,照顾好每一位会议代表。

(4)为了按时开始会议,早上可以请酒店服务员在合适的时间给每位会议代表房间打电话,或者会务组工作人员一一给每位会议代表房间打电话,提醒其按时吃早餐,准备开会。

(5)会务组工作人员应热心为每位会议代表服务,不管会上还是会下,对会议代表的需要和困难,应尽可能的满足和提供帮助。

(6)尽可能在会议当天将会议合影到照相馆洗好,照片最上面应写明本次会议的名称、时间和地点。根据每位会议代表的登记信息,整理通讯录。会议结束之前,将照片和通讯录一起发到每位代表手中。

三、会 后 工 作

会议结束后,会务组的工作并没有结束。每位会议代表的返程时间

不同,会务组应根据会议代表的返程时间,安排送站,并安排好返程代表的食宿问题。

四、小　结

筹办教材大纲审定会议的意义不光是审定某专业教材的大纲,同时也是宣传出版社及其已出版的相关教材,树立出版社、编辑部乃至编辑个人形象的好机会。会务组(通常是出版社的编辑)通过为会议代表(通常是院校的老师)提供优质、周到的服务,和这些会议代表建立深厚的友谊和联系,为长期的合作打好基础。因此,会务组的工作人员需建立"服务意识",该意识也是作为编辑在精通编辑业务的基础上应逐渐养成的意识。提供高质量的服务加制作高质量的图书,是一个编辑乃至一个出版社成功的必要法宝。

浅谈摄影图片在书籍装帧中的运用

郭雪艳

随着信息技术的发展,人类步入图文时代,快节奏的生活使人们在阅读方式上发生了根本性的变化。由于受影视计算机使用的冲击,单一的文字阅读正被不断地加入“非文字因素”所影响,变得越来越不“纯粹”了。图像与文字结合的方式越来越被读者接受。这一趋势不仅改变着人们、特别是青少年的认知心理和行为表征(如在中学生中流行的“七格”漫画对孩子们思维和语言的影响),也改变着作为纸质出版物的装帧设计。装帧中的新潮流与风格变化,无不是建立在图片因素与文字互动的关系之上。

为了适应新的阅读习惯,装帧设计中图片的使用在不断“膨胀”中,正发生着剧烈的质的变化,并且被设计工作者们不断深入地探讨着。把握这一趋势,探索新的设计思想,极具现实意义和学术价值。

在图片因素中,摄影图片的大量使用最令人关注。一方面,大量高质量的图片及印刷技术强化了装帧版面与现实世界的联系。另一方面与计算机软件设计互动,数字图像不仅清晰、精美,而且具有改动、组合的极大便利性,更无可避免地产生出了许多新的方法与设计思路。版面设计因此有了许多新的结构元素和功能,图片、特别是摄影图片不仅改变了其原有的地位,而更令人惊异的是,它如此迅速、如此根本性地改变(甚至有点像是“颠覆”)以往装帧设计这个领域的模式以至概念。最近的一个例子是由我总体设计的解放军出版社出版的《最高使命》一书,此书是反映汶川地震中的子弟兵在抗震救灾中的感人事迹。在这本书的编辑设计的“一体化”结构中,首先就是图片多,超过 80% 的大量摄影图片不仅丰富生动地再现了生活,而且强烈的视觉冲击力很好地凸现了主题,使人身临

其境,从各个不同角度观照、拓展了主题,当人民需要的时候,人民子弟兵冲在前面,为了人民的利益忘我的大无畏精神。这个抽象而深刻的符号。更重要的是它改变了以往的阅读—信息传递方式,使大量过去文字表述的内容更直观、直接地呈现给读者让人们感受到红色存在于中国的真正意义。言简意赅地诠释了一个哲理化的视觉印象。一个内涵丰富的思考视野。

我们相信图片在某些程度上已不是用来仅仅为文字内容做“形象说明”或仅仅被文字来说明的了。其对于信息传达的“话语权”已今非昔比。因此其美学特征与要求也变了。文字阅读与图片阅读存在着差异。书籍装帧中的摄影图片与作为插图的摄影图片不同,摄影插图与文字是种单纯的“搭配”,处低层次的组合关系中,文字与图片处在相对独立的状态中。人们把“文字”和“非文字”看成两种不同的信息通道,在接受信息方式上办“分而置之”。而新的设计要求已不再是“图配文”,也已不仅是“兼容互补”的关系。而是指向一种新的语言系统。是一种“非线性”的图文表现性构架。例如2004年我作为华晨丰汇设计总监,参与制作了由中国文联出版公司出版的王文澜所著的《自行车的日子》一书,这是一本让读者们回忆起历史和当下中国民生情态的书,它通过一个令我们以至令世界都难忘的文化符号——自行车,使我们的读者沉浸于一个巨大的生活影像意识流之中。它不仅不是文字描述的传统方式,也不是文字与图片搭配的简单“双轨制”,而是一种十分亲切的生活影像的“痕迹”式的触摸和折射,那些图片好像是飘在人们头脑记忆海洋上空的片片浮云,那些文字则更像在回忆时的呢喃之语。由文字叙述造成的主、客观之间的清晰的“边界”没有了,读者无论从其中任何一页翻开都能很快融入其中。譬如,那些胡同口的修车老人、树阴下的修车摊、蹒跚学“车”的儿童,那上下班时间如蚁拥蜂攒的自行车流,和那围绕自行车展开的“故事”……由无数“自行车”片断组成历史镜头,最终给人的印象不是零乱的“记忆碎片”,而是一个巨大的历史情结,笼罩在每个曾走过这个时代的中国人心头。

当我们漫步在图书市场的海洋之中,我们惊讶地发现“书的结构”被颠覆了。但冷静下来归纳的第一印象是“非线性”。说其“非线性”不仅是指图片的信息阅读方式改变,也是指文字在相当程度上打破了传统阅读的线性结构。文字内容的阅读不仅是按传统的逻辑线索发展,更重要的是,文字的阅读与图片的阅读相互交融,可以相互参照、相互补充。图片在造型、色彩构成以至质地、肌理上可以发挥更大的视觉冲击和情感、符号的表现。而且反过来，文字对视觉表现形成一种支持，这就是说不仅是文字对图片的描述内容说明，文字的意向情感及理念内涵也与图片的细节、抽象的视觉元素抽象构成形成一种内在的呼应。如《自行车的日子》中第22页、第23页、第39页、第53页、第64页、第119页、第139～140页、文字与图像，符号（logo图形）与节奏形成了一种“场”并成为一个整体，使阅读更加愉快、自然。因为视觉形式已升华成一种氛围。《自行车的日子》在设计材质的选择上，采用了一种微微泛黄的日本胶纸张，有一种古旧的“岁月沉淀”的意味。不仅十分精致文雅，而且为整个内容营造了一个历史的情感背景。在文字的布局上，采用具有动感的斜体，穿插在记忆中的文字“豆腐块”，像是诠释，读解，更仿佛是一种视觉休止符。这些沉重的抽象的情感节奏符号，像铅块、又像是铺路石，向我们标识着通向历史文化情境的小路。文字也是一种构成要素……

当然，更重要的元素还是图片本身，图片传达的信息量至关重要。如前所示，图片与文字具有同等的分量。图片本身在结构状态上也早已不是封闭自足的——那是一种“古典的”读解方式，而新的构成方式在语言系统统治下的图片，是开放的、互动的，依据的不仅仅只是现实中完整形象的“再现”要求，更是一种通过抽象的构成来表现结构承载的情感张力和意象表达的功能，这一部分的分量在“图文时代”的装帧设计中至关重要、是涉及本质和灵魂的规律要求。在《自行车的日子》中，大的变化，是那一页一页起伏变化的“蒙太奇结构”中的图片抽象表意、黑白、大小虚实的设计中的变化，是每页中版面的设计。如书中和肌理布局相关的黑白图片位置，空白空间切换；小的变化，是图片框架内的创意、形式构成设计，如36页的《马路上的“帽子戏法”》中一摞摞的帽子在构成上的“设计”。130页《如果这些人都买了汽车……》中的“肌理”效果，以及161页上的几个以夜色为背景的画面，大块的黑色给人以强烈的视觉效果（在构成上）和所拓展的联想空间。特别是图片本身的“抽象表现”，早在大量的优秀摄影图片中已经存在的“图形表意”已说明了很多问题。总而言之，图片已不再是配角，而且已是不止上了一个台阶。或许我们可以断言，在当今的读图时代，装帧版面设计将彻底改变我们的阅读文化。

图文时代要求我们在实践过程中对设计中图片的运用寻找“新的支点”和操作规则。现代摄影图片的设计模式表现出了强烈的多功能多角度发展和其之上的个性化色彩。在不同的设计要求之上，摄影图片不仅

被用在各个层面上，而且表现出不同性质、不同强度的视觉冲击力。它有以下几方面特征：

(1)新闻性。纪实性意味着与现实的联系，像在《自行车的日子》这样的设计中，"真实性"、"新闻性"意味着与生活割不断联系的现实生活质感。没有这种"质感"，"图像阅读"在设计上缺少一个"支点"。而且在整个现代装帧中，"新闻性"不仅是冲击力的一个元素，而且是在审美意味把握上的一个视角。在《自行车的日子》中，我们即使不看具体的图像内容，也仍能捕捉到那个时代、那种生活记忆的"质感"，那种不可言传的"体验"。这种体验的基础是图片本身的"纪实性"。现代装饰中的摄影图片首先要拍得能"触摸生活"，要能体验现实生活之流给人带来的新鲜感。

(2)装饰性。由我担任总体装帧设计的解放军出版社出版的《延安女性档案》一书在装饰美感上我想给人留下难忘的印象，它统一于一种符号性的设计理念，但从空间布局上，在一页一页的翻阅中，不断加进作为"变化"的"对比色"和"色块和弦"，使整个黑、灰时空画面中充满着节奏韵律感。装饰性的要求由摄影图片构成，不仅在图片内，更在画框外。装饰性不仅表现在色彩的要求上，也在形象的轮廓、空间的切割中；而图片的影调、影像构成形成的"图像肌理"是一种不可忽视的因素。

(3)表现性。形象冲击力，摄影图像本身就具有冲击力，它来自内容也来自图像构成本身。在装帧设计中，如何把这种冲击力转化为艺术表现力，是一个成功设计的关键。

(4)结构性。现代图文装帧设计十分重视结构性，这也是现代设计、现代艺术的文化特征。但是这种结构性是经过重组的，它首先要求摄影图片内的元素突破画框与整体，与版面及整个书的叙述、主题相衔接。

(5)体验性。体验性是一种情感诉求，它渗透到每个局部，首先是图片本身的各种视觉元素。它也是生活中的感受，需要我们通过照相机从生活中拮取。因此，在设计中，首先要考虑的是那些在构成上具有生活感性色彩的图片。《自行车的日子》的封面，一幅单独看起来普通的摄影图片用在这里和黑色的版面结合十分贴切地传达给读者这本书的基本情调。迷离、恍惚、渐行渐远而又清晰亲切的"自行车年代"的景象，很好地整合了一个时代的印象。

(6)视觉内涵。在设计中充分考虑画面中视觉元素、视觉构成提供什么样的内涵……在设计中把握这些"素材"延伸构筑进一步的设计意象,支持主题凸现。

(7)美学的不确定性及想像空间。在设计中,要考虑不要把摄影图片用得太“满”。要把握图片形象中不直接表现、模糊的一面。从设计语言上留下视觉联想空间和审美余地。《自行车的日子》第22、23页的版式设计,动感而抽象的图片结合其文字更为突出地再现了视觉联想空间和审美表达例如《自行车的日子》的封底,图片中那个从门户中即将走出的半个车轮,不仅极具形式美感,而且含义机巧深刻。这些都通过某种不确定性营构了“像外”的艺术空间。

(8)对构成可适性的关注。作为一种新的阅读方式,摄影图片最终依赖于书籍整体构想和模式的设计。所以,整体模式的选择及与摄影图片素材的关系必须着重考虑,而构成方式是其核心。以往静态版面的构成原则已相对狭窄,必须用各种新的思路不断拓展构成模式。都体现了构成开拓上的差异性,暗示着在从版面设计到整体书籍设计方面有着巨大的发展空间。

基于上述这些特征,我们在现代装帧设计对摄影图片的运用中应怎样使阅读的书籍更加赏心悦目?这是设计师必须面对问题,现代的书籍设计更讲究运用具有冲击力的真实的摄影图片与书中的文字相映成趣,使读者更快速、直接深刻地了解书籍本身的写作意义,起着举足轻重的作用。因此,摄影图片的选择及在书装设计之中的应用越来越受到出版媒体的重视作为书籍设计者基本要注意以下几方面:

(1)图片本身的选择,图片在内容和形式上选择要确切把握其视觉意味和符号性。不仅要求考虑那些单独看起来很“完整”的作品,更要在整个版面结构中的位置考虑那些成组的、系列性的、与文字内容相关而突出的、具有代表性的作品。

(2)要注意所表达形象意念的符号性,视觉传达不仅仅是构成的均衡变化,符号的视认性也起着很大的作用。这是对设计创意层面上的深入把握。

(3)和谐与冲击力的矛盾,不仅要在和谐上下功夫,更要注意那些有冲击力的形象、元素和构成选择,尤其在局部版面中非常重要。这是把握和统一风格的核心。

(4)信息量的把握,文字与非文字信息要留出空间和空白,把握疏密关系,不要太“满”和琐碎。

(5)电脑与传统摄影技术的平衡点,要研究把握传统摄影中元素怎

样与现代电脑、设计技术的差异与衔接，不仅要充分“现代化”、“时尚化”、“市场化”，还要保留传统摄影图片中的文化感和材质语言的艺术体验性。

(6)版式、封面与招贴中的摄影图片运用，在设计中注意把握图片景物的放大与缩小色彩影调的和谐统一、黑白灰的层次处理、影像的清晰程度图片在封面、内文版式以及招贴设计中的虚实变化，及其构成法则的运用和文字符号灵活多变地配合使用，是现代书籍设计从平面中产生立体关键所在。

总而言之，在现代书籍装帧设计中使用的摄影图片新模式不仅放大了传统摄影的技术内涵，而且在我们眼前展开了一个巨大的艺术表现前景。我们要不停探索研究现代装帧艺术与技术不断变化的特性、与时俱进。

传统图书出版社发展音像电子出版的可行之路

刘正乐

《国家“十一五”时期文化发展规划纲要》对出版业提出：“推动产业结构升级，加快主要依赖传统纸介质出版物向多种介质形态出版物共存的现代出版产业转变……”作为传统的图书出版社来说，增加音像电子出版权，是壮大产业实力，合理整合、利用、挖掘、放大自身的优势资源，增强行业竞争力有效和必要的经营策略。

一、音像电子出版的现状

1. 出版社发展音像电子出版业务是时代的需要

从硬件上看，截至 2007 年年底，我国 PC 的拥有量已达 7299 万台，居世界第三位；我国电视机的保有量超过 4 亿台，为世界第一，据此可以推断出音像制品播放设备的数量也极其惊人。软件方面，截至 2007 年年底，我国已建立音像出版单位 340 家，年出版音像制品超过 3 万种，年发行量约 7 亿盒(片)，销售额达 30 亿元。通过以上销售业绩，可以看出，我国消费者必然要求我们出版系统提供大量有益的精神食粮，消费与生产的互动关系将在我国音像电子出版业得到生动体现。

2. 发展音像电子出版与传统出版的互动成为现实

改革开放 30 多年来，新闻出版业的发展已经具备了从单一纸介质媒体向光磁电介质媒体跨越的基础和实力，如中少社引进《丁丁历险记》，

外商是拿着图书、电视片、游戏等一整套产品来谈的。一些影视录一体化,具有较强市场开拓能力的多媒体集团开始出现在新闻出版界,如新华社系统,除拥有多家报刊外,还有音像中心、新华网等。

3. 大力倡导图书出版社增加音像电子出版权

从2003年开始,新闻出版总署批准成立的音像电子出版社中,绝大多数都是在图书出版社的基础上增加音像电子出版权,其目的就是为了让传统的图书出版社借助良好的出版资源,实现传统图书出版社的跨媒体发展。

二、音像电子出版面临的问题

由于音像电子媒体与纸介质之间是两套完全不同的运作、发行体系,所以图书出版社办音像电子出版社成功的还不多,这也是整个音像电子出版行业在逐步规范和成熟中面临的挑战。

1. 制约音像电子出版业发展的首要问题是自身经济状况

音像电子出版的投入成本较大,更容易受到运营机制、人员、行业条件的影响,而且单一产品不能形成持久的核心竞争力,多元化产品又会遇到创新难题、技术瓶颈的限制。市场上,各出版社自己开发的出版物只有教育音像电子出版物一枝独秀——教育类出版单位占了2/5,出版品种占2/3,在利益的驱使下,内容和形式日趋单一。

2. 市场的混乱化和竞争无序化是阻碍其发展的关键因素

首先,盗版的猖獗对出版业依然是最致命的影响。其次,一些有实力的民营音像电子产品开发商已经形成一定的规模,它们在产品规划、运营层面的研究投入优势明显,而且用户也往往掌握在它们手中。如何在民营制作公司和出版单位之间建立一种良好的合作机制,这是出版单位在痛惜市场一步步丢失的同时需要认真对待的课题。第三,国有出版单位人事及用人制度的落后,导致人才资源损失严重。许多出版社培养起来的业务骨干,在长期的用工制度和身份问题困扰下,纷纷辞职成立了自己的文化工作室。

三、音像电子出版发展的思路

1. 选准切入点,积极利用现有资源

就出版介质而言的音像电子出版在图书出版社中早已存在,如书配盘的图书,这在计算机类、外语类和教辅类图书的出版中尤为突出。利用已经成熟的教辅图书成熟的发行渠道和品牌影响,搞活和推广音像电子出版物,能够迅速收到良好的效果。

2. 树立品牌意识,实施品牌化战略

现阶段可以依托现有丰富的文化资源优势,提高音像电子出版产业的原创能力,积极培育和开发独具特色的音像电子核心产品和知名品牌参与竞争。

3. 实行横向联合,加快发展步伐

与有实力的民营制作企业组合成出版、复制和发行一体化的较大规模的音像电子出版公司,而不只是单纯地挂版出版,发挥规模效应,降低出版及制作成本,这样既有了更多的节目源又能有效地打击盗版。

4. 广泛吸纳人才,适应未来发展

音像电子产品制作较图书出版过程要复杂得多,它内容更广泛,编辑工作量大,技术涉及面广,不仅需要案头工作,还要借助音像电子编录制作设备,需要各种人才通力合作才能完成。在解决选题策划和市场策划的问题后,当务之急是进行体制调整,广纳人才,建立起与音像电子出版市场相适应的编辑制作队伍,以适应未来出版业发展的需要。

传统图书出版社发展音像电子出版可行的方法会有很多,概而言之,就是要善于运用多年来传统图书出版积累的资源优势和成功经验来发展音像电子出版业务。只要我们顺应其发展趋势和规律,采取相应的发展方针和对策,传统图书出版社发展音像电子出版业务将会取得引人注目的业绩。

5. 坚守制作技术,突出自身特点,争做数字化出版急先锋

音像电子出版从业者与传统纸质出版从业者相比,有熟悉技术制作

的优势，如录音、录像、配音合成和非线性编辑等。随着数字技术进步，现在多媒体制作、电子书制作也成为我们相较于传统图书期刊编辑的“拿手手段”，这些手段都可以归结为二度创作。

面临即将到来的数字出版时代，音像电子编辑会有更大的用武之地。为传统图书分类，把传统图书数据化并制作成适合各类新媒体所需要的“碎片”，在众多“碎片”中披沙拣金，再整合成新的电子音像成品，都需要我们慧眼识材、慧眼识市场。所以，现有的技术还是不足的。我们始终坚信，二度创作方面会有大量的社会需求，也就有自己生存的空间。所以，音像电子出版单位要狠抓技术培训和实践锻炼，在二度创新上苦练内功，个人有了创新编辑的技术和手段，音像电子出版社也就有了生存和发展的可能。

6. 以新的技术手段全面真挚服务社会，小众群体的需求有待满足

传统出版的特点是有介质的，是用书、光盘这样的实体来满足阅读的需要。现代出版和阅读，随着网络和手机的普及，无纸无形成为可能。所以，出版的概念将受到冲击和颠覆。我们要服务于阅读内容的丰富和创新，始终关注阅读内容的需求变化和发展。发挥对内容的二度创新和整合的手段和技术，不但要服务于大众（如教育和文化题材的作品），还要关注小众（如企业、公益事业和政府）。

地方广电机构、出版机构多年来做了很多涵盖各行业的专题片、历史片、史料年鉴等文化产品，我们可以进行专业化的出版编辑服务，对他们需要发布的内容进行整合加工和创新。除此之外，对当地的纸质书籍文献资料进行数字化处理和整合，这是一个宏大的工程，这方面我们已经取得了长足的进步和各方面的大力支持，我们的技术编辑找到了服务社会发挥自身优势的契机和岗位。同样，我们还可以对本土历史图像、视频和音频题材进行数字化处理，从中我们不但服务了社会，还能整合创新出一些社会需要的音像电子出版物。

7. 创新体制机制

音像电子出版陷入低谷的原因是多方面的，除了技术发展方面的原因，还有我们的人才力量和应变创新能力不适应市场经济高度发展的需要以及不适应在数字化浪潮中，我们求生求变的需要。究其原因，要在体制机制创新方面下工夫。第一，发挥集团优势。在资源匮乏创新有限的客观形势面前，我们发挥出版集团这个体制优势，“抱团取暖 ”，集中力量，集中资金，整合现有的优势资源，挖掘好本地的音像出版资源，系统化、专业化地开发利用，充分发挥我们音像电子出版的技术优势。贯彻现代企业管理制度，使得人才与企业共同成长。第二，划小作战单位。以项目组织队伍，成本进度等能得到有效及时的考量，激励先进，鞭策后进。诸如此类的产品项目，我们成熟一个发展一个，发展一个稳定一个，逐步开发出我社旱涝保收的高产、稳产田，成为出版社立社之根基。

社会和谐有序的持续发展进步，对人才培养提出了更高的要求。基础教育、职业教育、高等教育面临深层次的改革，针对教育，服务于广大劳动者的出版始终充满了机会和可能。党的十七大的报告中对文化大发展大繁荣进行了精辟的论述，国家颁布了文化发展纲要，各地各级政府前所未有地重视文化产业开发，视之为改变增长方式，进而达到可持续发展的重要手段之一，这一切都为我们出版业提供了很好的发展机遇。除此之外，我们有符合市场竞争要求的出版集团体制，只要我们明确思路，坚持差异化发展，坚持我们的技术优势，发挥先进的编辑创新手段，就能在数字浪潮中学会游泳，并到达理想的彼岸。

外社汽车类畅销市场书调研报告

朱丹宁

【摘　要】 通过人民交通出版社6个月的综合数据月度报告，比对汽车类其他出版社市场书销量等信息，并从中摘选81种图书以研究其策划、编排等情况，可知相同领域的各书内容上大同小异，而畅销书总市场份额有限。通过本调研结果，或可为汽车类市场书的相关研究及出版提供一点启示。

【关键词】 汽车；市场书；畅销书；内容

一、调 研 背 景

（一）以往参考

在北京开卷信息技术有限公司向人民交通出版社提供综合数据月度报告中[1]，对于各出版社汽车类图书方面，该报告显示当月前几名出版社监控码洋、码洋占有率、动销品种数、动销品种占有率、出版效率，以及全国畅销图书排行榜前150名[2]的监控销量等信息。

1. 基本结论

根据该报告，2012年10月至2013年3月的6个月统计，可以看出：

（1）每月码洋排名靠前的6家出版社各自畅销书品种占其当月动销品种比例不大（除化学工业出版社在20%上下外，其余皆不足10%，而

[1]下称"月度报告"。

[2]此中图书下称"畅销书"。

2012年10月、11月辽宁科学技术出版社与2013年3月电子工业出版社名列上述6社之中,但都没有畅销书。参见下表。

出版社	月份	品种比[1](%)	码洋比[2](%)	贡献比(%)
机械工业出版社	2012年10月	29.23	5.27	18.03
	2012年11月	34.06	5.51	16.18
	2012年12月	33.04	5.62	17.01
	2013年1月	37.25	6.19	16.62
	2013年2月	34.65	5.64	16.28
	2013年3月	31.75	4.84	15.24
化学工业出版社	2012年10月	64.61	20.00	30.95
	2012年11月	58.06	18.81	32.40
	2012年12月	58.24	19.00	32.62
	2013年1月	63.79	20.28	31.79
	2013年2月	64.04	21.97	34.31
	2013年3月	55.66	18.57	33.36
人民交通出版社	2012年10月	59.47	4.50	7.57
	2012年11月	55.58	2.70	4.86
	2012年12月	69.15	4.18	6.04
	2013年1月	54.70	3.49	6.38
	2013年2月	66.36	3.61	5.44
	2013年3月	84.91	8.99	10.59
金盾出版社	2012年11月	27.88	5.30	19.01
	2012年12月	31.29	7.30	23.33
	2013年1月	43.35	3.49	8.05
	2013年2月	28.86	5.84	20.24
	2013年3月	17.94	2.78	15.50
人民邮电出版社	2012年10月	28.45	2.92	10.26
	2012年11月	39.89	3.39	8.50
	2012年12月	35.53	3.42	9.63
	2013年1月	48.74	5.26	10.79
	2013年2月	60.83	6.19	10.18
	2013年3月	40.53	4.13	10.19
电子工业出版社	2012年10月	17.70	1.61	9.10
	2012年12月	24.12	2.80	11.61
	2013年1月	8.98	1.80	20.04
	2013年2月	14.10	1.69	11.99

[1]畅销书品种与监控品种之比。

[2]畅销书码洋占监控码洋比。

(2)每月码洋排名靠前的6家出版社各自畅销书销售码洋(定价×监控销量)占总监控码洋比例(参见上表)差异很大,最低有2013年1月电子工业出版社的8.98%,最高有2013年3月人民交通出版社的84.91%;且各社各月间波动幅度不同,有相对稳定的,如机械工业出版社(大致稳定在30%前后)、化学工业出版社(大致稳定在60%前后),也有变化幅度较大的,如人民交通出版社(低至54.70%,高至84.91%)、人民邮电出版社(低至28.45%,高至60.83%)。

(3)每月150种畅销书总销售码洋占当月总监控码洋[1]比例不高[2],但都高于上述6家出版社畅销书销售码洋占各自当月监控码洋比。

由此可得出结论:

(1)非畅销书作为整体有很大市场潜力。

(2)如果各社畅销书品种占动销品种之比的高低可以看作各社畅销书所耗费资源的差别,而畅销书码洋占监控码洋之比可看作畅销书的贡献,则后者比值与前者比值之比[3]越高者,或可看作畅销书策略越成功。化学工业出版社6个月畅销书贡献比都超过30%,而其他社最高的只有2012年12月金盾出版社的23.33%。化学工业出版社远远领先于其他各社。

2. 以往参考的局限及调研意义

但是,至于这些畅销书究竟是什么样的乃至营销手段等,显然无法从报表中得出。本调研通过研究畅销书实物,以期找到畅销书图书组稿、形式或内容上的某些规律或特色。

(二)调研方法

由道路运输出版中心何亮、林宇峰、刘博从上述6个月的报表所列畅销书中,摘选出83种。在2013年4月22、23日通过亚马逊、中国互动出版、当当、文轩等4家网上交易平台下单购买其中81种各1本,登记其尺寸、版式、作者、目录、插图、颜色、增值服务等信息,加以比对,并翻检实际图书内容,分析特别之处或共同之处。

---

[1]月度报表中码洋占有率有误差,总监控码洋基于报告中人民交通出版社相关数值算出。

[2]从2012年10月至2013年3月的6个月依次分别为:37.39%、40.11%、41.16%、41.79%、41.64%、42.85%。

[3]以下强名之曰“贡献比”。只在比较各社水平时才有意义。

二、81 本书情况

已购 81 本书大致可分汽车使用、结构、文化、法规 4 类。各类或有交叉,且或可再细分小类。有几本是或似是同一种书的不同版本。如《金牌车主手册》与《金牌车主手册(全彩精装版)》未见内容上显著区别:大致标有"普及版"、"双色版"之类非版次的版本信息的,都有内容相同或大致相近的其他版本;而如机械工业出版社《世界名车标志鉴赏图谱》与《世界名车标志鉴赏图谱(第 2 版)》之类,也未见明显不同。详见文后所附目录。

(一)价格

81 本书定价总额为 2604 元。采购时通过豆瓣网比价,在相关网上交易平台有货的前提下,择便宜者购买。所购图书无特价等特别折扣优惠,不含运费共 1898.9 元。因该 81 本图书大部分折扣差不多,故折扣应与总价折扣相当,计约七三折。

因为这些书多是 2011 年以来发行的,不至于作为旧书处理,所以恐怕整体上定价过高。

(二)版式

各外社书之间同类书开本、版心设计并无共性。即同社同类同作者著作之间,开本也或有不同;而开本相同者版心也有所不同。如机械工业出版社陈新亚所著《如此开车最聪明:好车手的 100 个标准》、《金牌车主手册》开本不同;后者与《金牌车主手册(全彩精装版)》开本相同,但版心内外侧边距及下边距均不同。此处所谓版心,也只是 1 本书中图文大致所在范围(与图文距离较远的栏线视为背景水印,不算作版心边缘);所谓大致,是指时不时有图文超越可视作版心的范围。

综上可知,外社版式设计相当灵活。

(三)增值服务

81 本书中并无可称得上"增值服务"的服务。其中机械工业出版社 2 种书在书后附有读者卡,据说可依据所填信息推荐图书。但读者卡并非活页,与书连为一体,未经特殊处理以利读者便于取下;且似要求读者自

费寄出。孰知有几人会使用该读者卡?

(四)著作者

如果著作者署名相同者是同一人,则这81种书中有不少是同一人著作。署名5次以上的,依多少排列分别是:陈新亚15次;吴文琳5次;姚时俊5次。其中前2者为多家出版社写书,甚至写同类书。如陈新亚分别为机械工业出版社与化学工业出版社写了《汽车标志全览》与《名车标志和识别》,及《魅力汽车:拆开汽车看奥妙》与《大画汽车:图解汽车奥秘》;吴文琳分别为中国电力出版社与机械工业出版社写了《看图学车考驾照》、《图解学车考证易学通》。其中吴文琳所写该2书之间从形式到内容都没有本质区别。

假定作为畅销书确实受市场欢迎,但又不知是特定作者的书受欢迎,还是受欢迎的书交由特定作者编写。若是前者,则又不知是作者的文笔、创意,还是背景等使书畅销。

另外在著作者介绍方面,这81种书中只有22种明示作者身份。其余有的根据前言大致能推断作者与某机构有关。有的书没有介绍著作者身份,却明示了部分参与编写人员的身份。

隔行如隔山。作为市场书,不少是给非本专业人员看的。不明示作者身份,不便读者了解作者。鉴于上述22种中有13种作者署名陈新亚,即按作者来看,大多数作者未得充分介绍。吴文琳、姚时俊也在未经介绍之列。不知该二者的这些图书是否主要销往熟知该二者身份的人群,如是,则当本不计划主要销往市场;还是相关出版社认为作者本身并不影响图书销量。

即使同为陈新亚为化学工业出版社所著、由周红编辑的《汽车标识符号》、《名车标志和识别》,虽然同属"陈新亚爱车系列",但前者有作者介绍而后者无。

在这些书都确实是市场书、彼此间有充分竞争的前提下,可见作者并不太重要。

(五)策划人及编辑等

这81本书中,策划人、编辑等与著作者有对应关系。基本上,同一著作者在同一出版社总由同一策划人、编辑等来策划或负责。如果著作者的确影响图书销量,那么策划人、编辑等就很重要。但如前述一样,如果只是卖得好的书名义上交给某些人策划、著作、编辑等,则无法得出上述结论。

其中唯独江苏科学技术出版社的《汽车安全驾驶就这么简单》与《开车避免罚单就这么简单》有策划人履历介绍。也许好的策划有利于出版社盈利,但不知这些介绍对于读者有什么意义。且各策划人究竟负责何种事项,也无法通过本次调研弄清楚。

(六)书名

人取名时尚不知该人将如何发展,而书定名时内容已知,大抵是根据内容命名。这81种书的书名相同、相近者太多,或许也表明书的同质化严重。

如汽车使用类49种中,书名关键词多为学车、考证之类,点明主题;而此外含“攻略”者就有11种,其中10种含“全攻略”字样。

如化学工业出版社分别出有《汽车驾驶完全攻略》与《汽车驾驶全攻略》,一字之差恐怕是刻意区别彼此。但这种区分,不知是说明前者不全,还是说明后者不完全。而机械工业出版社也出有《汽车驾驶全攻略》与《图解汽车驾驶全攻略》。前者至少与化学工业出版社1种书同名,而后者并非前者的图解,是另外1种书。

在书名差异化方面,这81本书似乎在低等级地竞争。除上述2家出版社4本书之外,化学工业出版社还有《学车·考证完全攻略》与《学车考证全攻略》,机械工业出版社有《学车考证全攻略》与《图解学车考证全攻略》,与前述情况相同。类似情况还有不少。

此外,在丛书名方面,也存在雷同情况。如机械工业出版社有“陈总编爱车热线书系”,而化学工业出版社有“陈新亚爱车系列”,作者都是陈新亚。“陈新亚爱车系列”的《汽车标识符号大全》列有该系列4种书名,包含该书在内的3种书在这81种书内,另2种却没有明示属于该系列,且其中的《名车标志和识别》甚至没有介绍作者身份。不知“陈新亚爱车系列”这个系列是否本非预谋策划,而是出版若干书后追加的。

(七)内容

一些类别的图书同质化严重。如除前文所提及者之外,以《附录》节四种“汽车使用·驾驶行为·驾驶考试”类为例,24本书中除《汽车驾驶与考证一本通(第二版)》之外,凡涉及考证部分,主体内容都是按培训科

目顺序讲解,没有显著差别;其中1本略去相当于科目一的讲解,有几本在开头增加驾驶证申领与使用相关规定,个别的讲选驾校注意事项,最主要差异仅此而已。

“汽车使用”类中一些标榜“一本通”、“全程通”之类覆盖从选车、学车、用车、修车、玩车到保险等内容,似乎失去针对性。可能存在新手看不懂、老手不用看的问题。

而在“汽车文化·汽车标志”可分两种,其一为在1张纸上平铺若干车标加以介绍,其二为多页书籍形式。每种各自差别主要在于介绍详略,最显著的莫过于有的只列车标图案与名称(如《汽车标志全览》),而有的还介绍名称之外的情况;其他从内容、编排方式乃至版式、封面风格都相一致。

“结构”类图书虽然内容大体一样,但编排方式有较大差异。只不过其中一些编排方式的合理性我不认同。此外,一些书以特定汽车为专题,来谈结构,如《画解奔驰(揭秘奔驰汽车独门绝技)》;一些书在谈结构时以特定汽车为例,如《汽车构造透视图典:发动机与变速器》、《汽车构造透视图典:车身与底盘》。而使用图片的方式以及图片风格,也使得这一类的书看上去差别较大。

至于除“车录”、“汽车标志”外的“汽车文化”类,差异固然很大,但主要因为涵盖面广,可组合搭配的信息多;而所涉及的各个范畴之内,内容上又没有多少实质差异。

(八)表达方式

在内容没有差别,甚至谋篇布局也没有差别的情况下,不少书可能打算通过表达方式来体现差异。除上述插图使用外,还有作者的描述方式,比如语言风格、修辞手法等。但诸如以骑自行车来比发动机汽缸活塞运动者,也已显不出个性。作为面向大众的书籍,以通俗称呼替代术语应该是比较好的。但有些俗语并非全国范围的,可能只适用于特定地域;而语言的流变有时又很快,作者所知、所用的俗语未必适用于当今,现在正流行的语言也不知什么时候变成死语。81本书中,有几本有几处我在阅读时就遇有语言理解上的障碍。

一些书插有不少“口诀”等名义的顺口溜。大概是想便于读者记住知识点。但是有的顺口溜动辄十几句,那么多的“口诀”要记住反而是读者负担;有的顺口溜编写牵强,并不上口;还有些顺口溜与知识点关联不大,只可作为普通的修辞手法,但这样的话除非通篇或至少有相当篇幅是顺口溜,否则我看不出这么做的好处。

三、结论与建议

因为月度报告数据有限,且有误差,而本次调研不涉及营销且调查样本有限,所以只能得到有限的结论。结论成立与否受制于此处及前文所述前提。除去前文已述之外,结论有:

(1)为得到更准确的结论,还需要更多更深入的研究。比如考虑到内地盗版等情况,畅销书实际排行榜或许迥异于月度报表中的样子。而这些情况我等并未掌握。

(2)图书同质化照样可以畅销。但是市场需求与供给情况也未被我等掌握。如果供不应求,则并不存在充分的市场竞争,同质化的图书热卖是可以理解的。另外毕竟所调查每小类不超过30种书,所谓同质,是只在这不足30种中同质,还是在图书市场上该类别所有图书中同质,也不清楚。如是前者,也许正说明这样的书容易卖。

(3)版式上的统一没有意义。版式统一固然体现出版社的风格,但是没有风格也是一种风格。且从读者角度看,即便能通过版式风格知道书为某出版社所出的话,那也不因此而自然钟情于该出版社所出的书。归根结底还要看本书的价值。就像全国统一服装为非灰即绿的军装或中山装,是能被内外国人凭服饰判断出属于这一国,但既无助于个人价值发挥也无益于整体形象提升。

据此结论以及前文中的结论,建议如下:

(1)市场书方面如果只看销售码洋的话,完全不必追求制作精品书、畅销书,可以靠书海战得实利。

(2)建立各相关范畴的数字化知识数据库,可根据需要组合、排列相应数据,选择适当方式出版发行。这种做法摆脱了并不十分重要的作者,且节约了包括时间在内的生产成本。

(3)如果现在或将来存在充分市场竞争,而同质化已限制了竞争能力,则可在如下几方面差异化发展:

①增值服务。

②谋篇布局。

③具体表达方式。

而如果有数字化准备的话，这几点是比较容易实现的。

附81本书目录：

本部分按书名、书号、出版社、内容简介来叙述。

(一)汽车使用

驾驶类54种，内容包括驾驶行为、司机的汽车保养及与驾驶相关法规。

1. 驾驶行为

此中图书49种。内容为驾驶操作、技能及行车注意事项等。又可分出驾驶考试类与安全驾驶类、经济驾驶类、法规类等。

1)驾驶考试

有24种，各书以驾驶考试指导为其主要内容。

(1)《看图学车考驾照》,9787512331365,中国电力出版社

共11章。第一章为驾驶证申领与使用规定；第二章为道路交通安全法等相关法规介绍；第三章为道路交通信号；第四章为汽车结构与装置；第五至九章为驾驶技能；第十章汽车日常维护与应急处理；第十一章为驾驶证考试相关介绍与辅导。文字为主，图片为辅，且图为单色。

(2)《汽车驾驶与考证一本通(第二版)》,9787512325944,中国电力出版社

共6章。前5章为驾驶行为指南。其中第三章介绍新型车辆驾驶操作；第四章介绍节能驾驶方法；第五章为安全驾驶知识；第六章解读相关法规。

(3)《学车·考证完全攻略》,9787122109569,化学工业出版社

共5章。第一章介绍汽车结构与相关装置；第二章介绍驾驶操作基本知识；第三章介绍基础驾驶训练；第四章为科目训练；第五章为道路驾驶训练。

(4)《学车考证全攻略》,9787122124159,化学工业出版社

共10章。第一章介绍驾驶证办理程序；第二章解读道路交通安全法及相关法规；第三章至第五章介绍驾驶技能及安全驾驶知识与紧急情况处置措施；第六章介绍汽车构造及维护；第七章介绍交通事故急救及危险化学品知识；第八至十章为驾驶考试科目一至科目三的讲解。附科目一试题。

(5)《学车考证全攻略》,9787111404422,机械工业出版社

属“我爱我车全攻略”系列。共6章。除第二章介绍上下车规矩、驾驶姿势等知识以作为驾驶铺垫外,第一章学车考证前的准备;第三章顺利通过交规考试乃至第六章实际道路(科目三)训练与考试都是顺着驾校学习过程编写。

(6)《图解学车考证全攻略》,9787111398899,机械工业出版社

双色版。共5部分。前两部分为驾驶基础知识与基础操作;三、四部分为科目二、科目三应试方法;第五部分为“科目二、科目三考试综合评判标准”。附录为相关科目考试程序、相关法规解读、常用相关术语与俗语对照表、常用交通标志与标线。

(7)《教你轻松考驾照——不可不知的100个学车考证常识》,9787122106087,化学工业出版社

共9章。前两章为驾驶证、驾驶人相关管理规定;第三、四章分别为道路交通信号与汽车结构知识;第五、六章分别为场地驾驶与道路驾驶技能训练与应试辅导;第七章新手上路,介绍正常行驶知识;第八章应急处理;第九章交通事故与汽车保险。

(8)《轻松考驾照(适用车型C1、C2、C3、C4)》,9787122105585,化学工业出版社

共7章。前3章依次分别为申领驾驶证须知、学习驾驶准备、基本操作;后4章是考试辅导,其中第4至6章依次分别对应科目一至科目三,第7章相当于考前提醒。

(9)《学车考证口诀:图解双色版》,9787115274168,人民邮电出版社

共5章。第一章驾驶证申领及管理基础知识;第二章汽车操作基础,包括汽车基本结构与工作原理介绍;第三至五章依次分别对应科目一至科目三,是考试辅导。正文不少知识点穿插有顺口溜。附录考试辅导内容和口诀。

(10)《学驾驶快乐行:驾照考领指南》,9787111395645,机械工业出版社

共3部分,依次分别为基础驾驶、场地驾驶、实际道路驾驶。附录为道路交通安全违法行为记分分值。

(11)《驾驶员学习手册(图解汽车驾驶教程)》,9787535231970,湖北科学技术出版社

共7章,依次分别为汽车基本构造(基本知识)、驾驶控制装置及其

操作、基本驾驶操作(场地教练驾驶)、道路基本驾驶技术(上路教练驾驶)、安全驾驶方法、车辆的日常检查、交通事故应急措施。图占相当篇幅,但都为黑白。

(12)《新手学车考证就这么简单》,9787534580512,江苏科学技术出版社

属"简单车主"系列。共5章。第一章为驾驶证申领、使用知识与驾校报名、汽车基础知识;第二至四章为3个科目辅导;第五章为复杂情况下的安全驾驶。附录列有驾驶培训大纲、驾驶证申领与使用规定、道路交通安全法及与考试相关的其他若干信息。

(13)《考证·驾驶全程通·适用车型C1、C2、C3、C4》,9787122152701,化学工业出版社

共2篇。第一篇为考证程序与学车辅导,内容编排对应驾驶考试项目;第二篇指导具体行车方式,包括事故处理等知识。附录列有准驾车型及代号、道路交通安全违法行为记分分值、科目二、科目三考试评判标准、交通标志。

(14)《图解学车考证易学通》,9787111361725,机械工业出版社

共7章。前3章为驾驶证申领、道路交通安全法、交通信号相关知识;第4章为汽车结构与日常维护与应急处置等相关知识;后3章为驾驶技能讲解,其中第5章为基础驾驶操作介绍,6、7章分别为场地驾驶与道路驾驶技能讲解。附录为驾驶考试若干相关信息。以文为主,图为黑白且不少模糊不清。

(15)《手把手教您考驾照:普及版》,9787111371663,机械工业出版社

属"汽车生活手把手书系"系列。共7部分。按进入驾校参加培训到考试的流程以应试辅导为主介绍考驾照办法。附录为科目一至科目三考试评判标准,道路交通标志、标线,考试题库。

(16)《手把手教您考驾照》,9787111361701,机械工业出版社

即在前述《手把手教您考驾照:普及版》(9787111371663)基础上,除附录题库图之外所有图换成彩色,其他未见显著区别。

(17)《怎样轻松考取驾驶证》,9787111359272,机械工业出版社

共7章。第一章要读者自问有无学车、考驾照的必要及能否正常学车;第二章申领驾驶证须知和报名程序;第三至六章按驾校培训流程顺序介绍学习与考试技巧;第七章考试评判标准。附录列有准驾车型及代号、

道路交通安全违法行为记分分值、全国各省市交通广播电台频率、全国高速公路编号、道路交通标志与标线以及科目一考试题库。另附学习光盘1张。

(18)《安全驾驶路路通》,9787111358244,机械工业出版社

共6篇。第一篇介绍相关法规、道路交通信号与汽车结构与日常检查、简单维护知识,大抵相当于科目一内容;第二篇介绍申请考证手续与各科目大致内容;第三、四篇依次分别对应科目二、科目三,是学习指南;第五篇针对各地理或天气情况下的行车有所讲解;第六篇为驾驶应急处置篇。附录列有常用交通标志、标线。

(19)《驾照考取经验谈》,9787111357230,机械工业出版社

共7章。第一章机动车驾驶证常识;第二章机动车驾驶证考试规定与考试技巧;第三章介绍汽车结构等;第四章介绍汽车驾驶操作基础;第五章介绍相关法规;第六章为汽车场地驾驶技能考试辅导;第七章为汽车道路驾驶技能考试辅导。

(20)《学车考证速成宝典》,9787111354000,机械工业出版社

共8章,依次分别为驾驶人考试题目与考试评判标准、科目一(理论)学习技巧与考试方法、科目二(桩考)学习技巧与考试方法、科目二(场内路)学习技巧与考试方法、科目三(实际道路)学习技巧和考试方法、夜间与雨雪天气考试、汽车结构常识、新手上路之安全驾驶。附录列有准驾车型及代号。

(21)《学车考证一点通》,9787111320357,机械工业出版社

共4部分,依次分别为机动车结构常识、机动车实际操作基础、科目二考试项目和操作训练要求、科目三考试项目和操作训练要求。

(22)《学车考证一点通:双色精华版》,9787111357094,机械工业出版社

开本比前述《学车考证一点通》(9787111320357)小,部分图片为双色,其他除因开本差异而导致的版面位置不同外,未见内容上显著差别。

(23)《学车、考证一本通》,9787122016614,化学工业出版社

共2篇。第一篇3章,为汽车驾驶基础理论与基础操作,含申领驾驶证情况介绍。第二篇2章,是针对驾驶培训实操训练的讲解。附录列有现行京津地区社会道路驾驶考试评判标准。

(24)《汽车驾驶考证一本通》,9787111337003,机械工业出版社

共4章。第一章内容与驾驶证申领相关;第二章内容从驾校选择、交

通信号及法规讲解到驾驶基础操作等,是驾驶学习的铺垫;第三章为各科目讲解;第四章包含正常行车注意事项与应急处置等信息。

2)安全驾驶

本部分图书各以安全驾驶为其主要内容。共5种。

(1)《汽车安全驾驶就这么简单》,9787534572753,江苏科学技术出版社

属"简单车主"系列。共108个知识点,内容包括驾驶技巧、行车习惯、简单保养维护与法规遵行办法。

(2)《汽车逃生》,9787531729198,北方文艺出版社

共12章,依次为基本事项、安全驾驶、车辆保养、紧急情况、车辆安全、恶劣天气条件下的驾驶、个人安全、防御性驾驶、逃生驾驶、野外驾驶、长途出行、阅读路面标记。介绍各种情况下的行车安全、防盗措施、故障处理、司机人身安全相关措施等。

(3)《汽车安全驾驶技巧》,9787122146991,化学工业出版社

共15章。第一、二章介绍仪表与道路交通信号识别;第三章掌握各种车感的技巧;第四至十一章介绍各种地理或天气条件下的驾驶技巧;第十二章介绍汽车走合期驾驶技巧、汽车牵引驾驶技巧、运输危险货物的驾驶技巧;第十三至十五章为安全行车、事故预防与避险应急、故障处理技巧。附录列有道路交通违法行为记分分值、容易混淆的交通标志。

(4)《私家车安全驾驶顾问》,9787122133724,化学工业出版社

属"私家车顾问"系列。共9章。第一章介绍安全驾驶基础知识,其余8章介绍各种地理条件及天气条件下的安全驾驶知识。

(5)《安全驾车高手经验百分百》,9787111385844,机械工业出版社

属"郭师傅车经丛书"系列。共5篇。第5篇为节油篇,分43节,每节题目为2句五言,点明主旨。其余4篇间逻辑关系不清,大抵是安全驾驶各方面知识。

3)经济驾驶

这一类各书以节约金钱的汽车使用方法为其主要内容。计1种。

《私家车省钱顾问》,9787122148230,化学工业出版社

属"私家车顾问"系列。共7章。第一章介绍选购省钱法;第二章介绍驾驶省钱法;第三章介绍燃油、空调、轮胎等与驾驶操作不直接相关的汽车使用省钱法;第四至六章介绍维修、美容、装饰、改装省钱法;第七章介绍保险省钱法。

4）法规

这一类各书以相关法规解释、适用方法与风险规避为其主要内容。计1种。

《开车避免罚单就这么简单》,9787534572746,江苏科学技术出版社

属"简单车主"系列。共3部分,依次分别为驾驶证和车辆相关知识,交通违法处罚与应对、交通事故处置与应对。

5）其他类

（1）《汽车驾驶全攻略》,9787122153418,化学工业出版社

双色版。分3章,依次分别为汽车消费与服务,介绍汽车选购、保险、入户、事故处理等相关知识;汽车使用知识,除驾驶技巧外介绍防盗、新车磨合、保养等知识;汽车安全驾驶知识。另附全彩交通标志图解。

（2）《汽车驾驶完全攻略》,9787122107183,化学工业出版社

双色版。分4章。第一章介绍一般驾驶技巧;第二章介绍安全驾驶要领;第三章介绍节能驾驶;第四章介绍故障等应急处置措施。附录道路交通标志、标线。

（3）《新手驾驶全攻略》,9787122135650,化学工业出版社

共6章。第一章介绍上路前的准备以及新手训练问题;第二章介绍交通信号及交通规则;第三章介绍安全驾驶;第四章介绍节能知识与防盗措施;第五章介绍相关手续;第六章介绍司机保持身心健康办法与汽车保养与维护知识。附录列有高速公路编号及分布。

（4）《一学就会的日常驾驶技巧》,9787122146434,化学工业出版社

共10章。主要包括驾驶员的心态调整、驾车前的必要准备、行车时的观察技巧,不同道路行驶路线的选择,日常停车入位、倒车、超车、会车、让车、跟车、变道、调头、坡道行驶等的方法、技巧和要领,以及不同道路、天气、场地情况如何驾驶等内容。图占相当大比例。

（5）《私家车车主手册:理性购车科学用车安全驾车》,9787122134424,化学工业出版社

共4章。主要包括"理性购车",介绍汽车分类与买车流程等;"认识汽车",介绍汽车结构与一些工作原理;"使用与保养汽车",介绍包括磨合、保养、年检、驾乘安全等知识;"驾驶汽车"。

（6）《汽车驾驶从入门到精通》,9787111392286,机械工业出版社

共12章。第一至第四章为驾驶证申领与使用事项说明、道路交通信号介绍、汽车基础结构与基础操作介绍;第五章场地式样驾驶;第六至第

九章介绍道路驾驶方法,其中第六章相当于总则,其余为分则;第十至第十一章安全行车与遇险应急处理、道路交通事故与机动车保险;第十二章汽车驾驶人考试。附录为机动车使用年限、延用年限检验周期一览表。各章节内容虽未重复,但题目有所交叉。

(7)《新手上路驾车技巧百分百》,9787111385516,机械工业出版社

属"郭师傅车经丛书"系列。共11章。第一、第二章为基础训练与基础操作知识、安全准备等;第三至第十章介绍各种情况下的驾驶操作;第十一章汽车驾驶节油20诀,分20节,每节题目为2句五言,点明主旨。

(8)《汽车驾驶技巧与禁忌大全》,9787111385325,机械工业出版社

共6章,依次分别为汽车基本驾驶技巧与禁忌、典型路况、环境驾驶技巧与禁忌、新款汽车的驾驶技巧与禁忌、安全行车与事故的预防、意外情况的应急技巧与车辆自救、驾驶操作节油与节胎的技巧与禁忌。配有顺口溜与黑白插图。

(9)《汽车驾驶人必备手册》,9787111369493,机械工业出版社

共16章。第一章介绍驾驶证相关手续与规定;第二章介绍汽车选购知识;第三、四章介绍汽车登记、检验、保险等;第五、六章介绍道路交通信号与交通规则;第七章介绍事故处理;第八章介绍驾驶基本操作;第九章介绍驾驶人考试;第十、十一章介绍安全驾驶;第十二章介绍汽车意外事件的防范及应急处置;第十三章介绍汽车的经济使用方法;第十四、十五章分别介绍司机与车的保养;第十六章介绍汽车装饰美容及改装。附录列有机动车驾驶人科目一考试通用试题。

(10)《如此开车最聪明:好车手的100个标准》,9787111381655,机械工业出版社

共10章,从基本操作到各种情况下的驾驶来讲有利于司机及汽车的驾驶行为。

(11)《汽车驾驶实用指南》,9787111356844,机械工业出版社

共9章。第一章介绍驾驶技巧;第二章介绍安全驾驶;第三章介绍经济驾驶;第四章介绍道路交通安全法与驾驶证相关法规等;第五章介绍事故处理;第六章介绍简单维修;第七章介绍养护装饰;第八章介绍保险;第九章为假日自驾游专题。

(12)《新手上路1000个怎么办》,9787122117243,化学工业出版社

共13个部分,"针对新驾驶员上路驾车过程中可能遇到的各类问题",设问1000个,通过回答以期"帮助新驾驶员快速掌握驾驶技巧,提高

驾驶技能”。整体上章节条理不是很清晰。大概因1000个问题如前言所述的“上万个驾驶问题中”挑出的，本身并不成系统。

（13）《新手驾车必知1000招》，9787111395508，机械工业出版社

共8篇，依次分别为开车必备基础知识、汽车日常驾驶技巧、出游驾驶技巧、特殊天气驾驶技巧、季节性驾驶技巧、男士驾驶技巧、女士驾驶技巧、汽车驾驶应急技巧。所谓“技巧”，有些不过是提醒。所谓“男士”、“女士”的驾驶技巧，其中不少内容并非只适用于男士或女士。语言通俗，但未必易懂。

（14）《汽车驾驶人一本通》，9787111398608，机械工业出版社

共9篇，依次分别讲解购车、磨合、新手上路知识、行车常识、安全驾驶、节油驾驶、行车意外应对措施、保养使用、保险索赔。配有包括照片在内的黑白图。章节条理略乱。

（15）《新手驾车养车攻略168问》，9787111380658，机械工业出版社

共18篇，每篇相当于1个专题，介绍驾驶基础操作、安全驾驶、节能驾驶、保险、维护、美容、买车等多种知识。但看不懂篇与篇间的逻辑关系。

（16）《金牌车主手册》，9787111341222，机械工业出版社

属“陈总编爱车热线书系”。共25章，针对291个专题，以问答体解释汽车使用诸多问题。其中第一、二章是介绍开车前的准备；第三至七章介绍基本操作与相关知识；第八至十六章介绍具体驾驶行为，包括节油驾驶与开车礼仪；第十七、八章介绍保养维修；第十九章介绍选车；第二十至二十四章介绍汽车各方面性能；第二十五章介绍汽车上的标识。配黑白图。附录列有“车主紧急电话”。

（17）《金牌车主手册（全彩精装版）》，9787111354994，机械工业出版社

属“陈总编爱车热线书系”。即《金牌车主手册》（9787111341222）插图换成彩色。

（18）《开车老手经验365》，9787111356745，机械工业出版社

共12章。第一章驾驶心理；第二章基本驾驶；第三至九章介绍各种条件下的驾驶方法；第十章高级驾驶；第十一章自驾旅游；第十二章驾驶恶习。时不时穿插题为“轻松一笑”的小故事，与所在章节主题略有关系。插图为黑白照片，不少照片可见场景为外国。有些图与所在章节没有意义上的关联。

2. 保养

这一类是在车主或司机立场上介绍汽车保养、美容、改装办法，并作为各书主要内容。共 6 种。

(1)《养车用车名师高招百分百》，9787111387831，机械工业出版社

属“郭师傅车经丛书”系列。共 11 章。第一、二章是汽车维护保养一般知识与使用时的维护原则；第三至九章是各部使用与保养方法；第十章为车身漆面和内饰的保养与清洁；第十一章为汽车养护节油 43 招，分 43 节，每节题目为 2 句五言，点明主旨。

(2)《买车用车养车全攻略》，9787111389569，机械工业出版社

共 5 章，依次分别为汽车选购，汽车驾驶操作，美容、清洁、消毒，汽车养护及技巧，汽车快修作业。

(3)《车主养车必知 1000 招》，9787111402961，机械工业出版社

共 4 篇。第一篇新车养护技巧；第二篇季节性养护技巧；第三篇各零部件养护技巧；第四篇维护保养常见误区与技巧。

(4)《1000 个超简单的日常养车实招》，9787122095893，化学工业出版社

共 5 个部分。第一部分新车养护；第二部分时段、季节等不同时期的汽车养护；第三部分汽车部件的保养；第四部分维护注意事项；第五部分工具与配件。

(5)《私家车装饰与改装顾问》，9787122156280，化学工业出版社

属“私家车顾问”系列。共 10 章。介绍汽车内外饰或装置的装饰与改装。其内装包括含电子狗、汽车黑匣子等在内的汽车信息装置。

(6)《私家车美容与养护顾问》，9787122139351，化学工业出版社

属“私家车顾问”系列。共 8 章。第一章新车美容与养护；第二章日常美容与养护措施；第三章车身、底盘等专项美容与养护措施；第四章非金属件美容与养护措施；第五章总成部件养护措施；第六章私家车免拆维护；第七章不良气候条件下的美容与养护；第八章车身漆膜缺陷与防治办法。

(二)结构

此中图书共 12 种。以汽车结构、保养维修、改装美容为主要内容。内含“汽车美容”分类。

(1)《画解奔驰(揭秘奔驰汽车独门绝技)》,9787111399322,机械工业出版社

属"陈总编爱车热线书系"。共9章。前5章按部位或功能系统介绍结构;后4章依次分别为安全技术、节能技术、新能源技术、AMG发动机,介绍相关结构。配大幅彩图。

(2)《让汽车跑得更"快":图解汽车新构造与新技术:普及版》,9787111387763,机械工业出版社

共7章,依次分别为动力篇、变速篇、四驱篇、安全篇、辅助篇、能源篇、体验篇,配黑白图讲解相关结构与技术等。章节层次凌乱。

(3)《汽车构造透视图典:车身与底盘》,9787111386537,机械工业出版社

属"陈总编爱车热线书系"。以彩图讲解汽车结构。共11章,依次分别为整车基本构造、车身基本构造、车身安全设计、车身轻量化设计、动力传动系统、差速器和分动器、传动轴和半轴、转向系统、悬架系统、制动与安全系统、车身附件与配置。介绍参用多种特定车辆相关结构为例。

(4)《汽车构造透视图典:发动机与变速器》,9787111377832,机械工业出版社

属"陈总编爱车热线书系"。以彩图讲解汽车结构。共16章。前10章介绍发动机及相关机件结构;第11章发动机与变速器组合;第12至16章介绍各种变速器结构。介绍参用多种特定车辆相关结构为例。

(5)《汽车为什么会"跑":图解汽车构造与原理:普及版》,9787111378143,机械工业出版社

属"陈总编爱车热线书系"。共7章,依次分别为整车、发动机、变速器、传动系统、悬架系统、转向系统。图是黑白的。

(6)《汽车为什么会"跑":图解汽车构造与原理》,9787111362081,机械工业出版社

属"陈总编爱车热线书系"。是该书第二版。与《汽车为什么会"跑":图解汽车构造与原理:普及版》(9787111378143)内容无显著差别,只是开本变大、大部分图换成彩色的。

(7)《汽车不神秘:汽车构造透视图典》,9787111301998,机械工业出版社

属"陈总编爱车热线书系"。以大面积的彩图配合介绍汽车结构。共10章,依次分别为整车构造、车身防护、传动方式、发动机、变速器、悬

架形式、转向机构、制动系统、附件配置、新能源汽车。开本尺寸184mm×260mm。

(8)《大画汽车:图解汽车奥秘》,9787122089083,化学工业出版社

录在“文化”类中。

(9)《魅力汽车:拆开汽车看奥妙》,9787111358688,机械工业出版社

录在“文化”类中。

本类中各书以汽车美容为主要内容。共3种。

(1)《如何做一名金牌汽车美容师》,9787122152107,化学工业出版社

共7章,依次分别为汽车美容师岗位认知、汽车美容基础知识、汽车内部美容护理、汽车外部美容护理、汽车内外装饰美容、汽车相关装置安装、汽车美容师安全常识。附录为汽车专业常用英语词汇、日常英语对话。

(2)《教你成为一流汽车美容师》,9787122122698,化学工业出版社

共11章,依次分别为汽车美容业概况、汽车美容用品的选用、汽车美容工具及设备、漆面美容与修复、汽车内饰美容、汽车外装饰、汽车防护、汽车发动机的护理、车内空气净化、汽车在特殊时期的美容护理、汽车美容安全防护知识和安全操作规程。

(3)《私家车美容与养护顾问》,9787122139351,化学工业出版社

录在“汽车使用·保养”中。

(三)文化

此中图书主要有关汽车的历史、发展、技术科普、造型艺术、性能比较等。共19种。可分为车录类、汽车标志类。

1. 车录

此种图书为汽车目录,共2种。

(1)《极品车录.2013》,9787509209684,中国市场出版社

介绍84种车特色及性能参数等。配以彩图。插有APAX爱跑指数、改装商联系方式、霍肯海姆的圈速(2005~2012年)、超级测试的圈数(1997~2012年)及多种排行榜。

(2)《四驱车录.2013》,9787509209387,中国市场出版社

介绍67种四驱车特色及性能参数等。配以彩图。

2. 汽车标志

此中图书介绍汽车标志相关信息。共 8 种。

(1)《车标——世界著名汽车标志》,9787122135643,化学工业出版社

共 11 章。前 10 章按国家分,介绍各国著名汽车标志,包括标志的设计与使用历史。第十一章是“其他著名汽车标志”。全彩图,图片占很大比例。

(2)《名车标志和识别》,9787122070098,化学工业出版社

属“陈新亚爱车系列”,但未标注。按国家分 17 章,按品牌共分 85 节。介绍车标意义、历史演变、特征等。配彩图。

(3)《世界名车标志鉴赏图谱》,9787111302025,机械工业出版社

在 1 张纸面上平铺介绍若干车标,配以车标彩图。

(4)《世界名车标志鉴赏图谱(第 2 版)》,9787111403234,机械工业出版社

除每种车标图文位置与纸面所占比例外,内容及版面与前述《世界名车标志鉴赏图谱》(9787111302025)未见明显不同。

(5)《世界名车标志鉴赏》,9787533539436,福建科学技术出版社

按国家分若干章,每章内按品牌分节,每节按“品牌历史”、“标志赏析”、“代表车型”顺序介绍车标及相应其他情况。

(6)《汽车标志全览》,9787111398400,机械工业出版社

属“陈总编爱车热线书系”。在 1 张纸面上平铺若干车标彩色图片与品牌名称。车标按国家分类。

(7)《大画著名汽车标志》,9787111371625,机械工业出版社

按国家分 13 章,介绍相应各国若干车的标志设计思想,并附有一些产业信息等。每种车除车标外,还有漫画风格的汽车图片。

(8)《世界著名汽车标志全知道》,9787111361657,机械工业出版社

根据国家或地区分 12 章,每章内按品牌分节,每节先介绍以品牌历史为主的信息,再在“标志释义”栏目中介绍标志。

3. 其他类

(1)《车友有问我来答:汽车的 1000 个为什么》,9787111284833,机械工业出版社

属“陈总编爱车热线书系”。分10章介绍汽车类型、结构、技术、使用、保养、设计、制造、汽车运动等多方面知识。配黑白图。

(2)《世界名车传奇》,9787550208551,北京联合出版有限责任公司

属“图说天下·探索发现”系列。以1种车为1个章节,介绍若干种车的历史与特色等,配以彩图。

(3)《大画汽车:图解汽车奥秘》,9787122089083,化学工业出版社

属“陈新亚爱车系列”,但未标注。共7章。第一章汽车历史;第二章动力生成方式;第三章传动系统;第四章速度与功率;第五章驾驶控制;第六章车身与安全;第七章汽车设计与制造。配有大量彩图。

(4)《魅力汽车:拆开汽车看奥妙》,9787111358688,机械工业出版社

属“陈总编爱车热线书系”。共17章。第一章汽车的种族和识别,介绍汽车种类。第二章汽车造型、品牌外部特色等;第三章汽车外部灯具;第四章汽车面板与框架;第五章动力能源;第六章发动机;第七章传动系统;第八章动力传递控制系统;第九章方向控制;第十章稳定系统;第十一章车轮、车胎;第十二章汽车上的物理定律;第十一章摩擦力;第十二章汽车的速度与挑战;第十五章汽车的空气动力学;第十六章分析一些驾驶失控现象;第十七章制动、安全带等安全设施。第六章至第十一章为汽车结构;第十三至十六章是第十二章的分则。章节层次略显凌乱。节标题多用“某VS某”形式,似要类比或对比。察诸内容,也不尽然。盖为追求形式统一,“VS”前后事物的安排有时似稍牵强。配彩图。

(5)《汽车知识小百科》,9787111357841,机械工业出版社

共6章。第一章介绍汽车发展历史与倾向;第二章介绍汽车的品牌与车型;第三章介绍汽车整车外观与内外饰比较;第四章介绍汽车的动力性能与经济性能;第五章介绍汽车的操控性能与舒适性能;第六章介绍汽车的安全性能与环保性能。

(6)《汽车标识符号大全》,9787122151322,化学工业出版社

属“陈新亚爱车系列”。共12个单元。大体按车部位分别介绍车上常见标识与符号,配有大幅彩图。

(7)《汽车为什么会“跑”:图解汽车构造与原理:普及版》,9787111378143,机械工业出版社

录在“结构”类中。

(8)《汽车为什么会“跑”:图解汽车构造与原理》,9787111362081,机械工业出版社

录在“结构”类中。

(9)《让汽车跑得更“快”:图解汽车新构造与新技术:普及版》,9787111387763,机械工业出版社

录在“结构”类中。

(四)法规

内容为法规与法规解释。共1种。

《最新交规与驾照教学考试大纲(附实用问答)》,9787509343609,中国法制出版社

共3章。第一章机动车驾驶证申领和使用规定;第二章机动车登记规定;第三章机动车驾驶培训教学与考试大纲。附录列有实用问答。